Le Temps, sa vie, son œuvre...

Acteurs de la Science

Fondée par Richard Moreau,
professeur honoraire à l'Université de Paris XII
Dirigée par Claude Brezinski et Roger Teyssou

La collection Acteurs de la Science est consacrée à des études sur les acteurs de l'épopée scientifique moderne ; à des inédits et à des réimpressions de mémoires scientifiques anciens ; à des textes consacrés en leur temps à de grands savants par leurs pairs ; à des évaluations sur les découvertes les plus marquantes et la pratique de la Science.

Dernières parutions

Edouard PELISSIER, *Du cœur et du sang. Comment William Harvey élucida le mystère du fonctionnement du cœur*, 2024.
Elie VOLF, *De la baguette dite divinatoire, du pendule dit explorateur, et des tables tournantes, Du point de vue de l'histoire, de la critique et de la méthode expérimentale, selon Michel-Eugène Chevreul*, 2024.
Jacques LE MÉE, *De la scie d'amputation aux ciseaux nucléaires, Histoires de chirurgie et de médecine, Et quelques ragots de salle de garde*, 2024.
Michel DUBUISSON, *Pierre-Charles-Alexandre Louis (1787-1872), A French doctor at the dawn of scientific medicine*, 2024.
Sofiane BOUHDIBA, *Histoire médico-sociale de l'urine. De l'Antiquité à nos jours,* 2024.
Jean-François SCHVED, *Dictionnaire du sang*, 2024.
Roger TEYSSOU, *Les calculs de la vessie et la lithotritie,* 2024.
Anne-Marie MARION-AUDIBERT, *Au fil de nos entrailles*, 2023.
Norbert GUALDE, *L'Épidémie c'est l'homme, L'Anthropocène, l'épidémie, la syndémie, la démorésilience*, 2023.
Roger TEYSSOU, *Félix Le Dantec, Breton de Lannion et homme d'exception*, 2023.
Michel PINAULT, *Gustave Flourens : un intellectuel révolutionnaire. Du Second Empire à la Commune de 1871*, 2023.

Claude Joseph

Le Temps, sa vie, son œuvre...

Vieillissement et sénescence des êtres vivants

L'Harmattan

Du même auteur

Du sang à la coopérative, 2014, Edilivre, 436 p.

Les Angoisses d'un vieux platane en quête de postérité – Déambulation littéraire botanique, 2016, L'Harmattan, 250 p.

Le Fou du labo 25, 2017, Les Impliqués, 259 p.

Les Plantes ces êtres intelligents, 2018, City-éditions/Ideo, 303 p.

Macabre découverte en Sologne, 2020, Edilivre, 236 p.

Macabre découverte en Savoie, 2020, Edilivre, 234 p.

Macabre découverte en Bretagne, 2020, Edilivre, 258 p.

Macabre découverte en Alsace, 2020, Edilivre, 207 p.

L'Intelligence des plantes : mythe ou réalité ? , 2021 Edilivre, 227 p.

Dopage dans le milieu cycliste – la faim (de gloire) justifie-t-elle les moyens ? , 2021, L'Harmattan, 232 p.

Rêverie botanique – Discussion avec mes arbres, mes fleurs et mes légumes, 2021, Ex Æquo, 168 p.

C'est naturel, ça ne peut pas faire de mal ! , 2022, Ex Æquo, 195 p.

Macabre découverte dans le Néguev israélien, 2023, Éditions Il est minuit, 223 p.

Macabre découverte en Champagne, 2024, Éditions Il est minuit, 217 p.

5-7, rue de l'École-Polytechnique ; 75005 Paris

http://www.editions-harmattan.fr

ISBN : 978-2-336-49438-8

EAN : 9782336494388

À Annie,

qui, sans prévenir, a fermé les yeux au petit matin du 5 mai 2024 et ne les a plus ouverts par la suite.

Son absence brutale après 56 années de complicité commune m'oblige désormais à vivre uniquement dans un triste monde de souvenirs.

Remerciements

Une fois de plus, Annie Joseph, puis Michèle et Jean-Jacques Lecocq et enfin André Camilleri ont consacré une partie de leur temps à souligner ce qui, dans le manuscrit, leur paraissait imprécis, maladroit, ambigu… Tous, anciens enseignants, ont relevé quelques fautes de frappe, d'orthographe, de syntaxe… Ils ne se sont pas limités à noter les incorrections, les éventuels barbarismes ou solécismes, toutes les imperfections en un mot ; ils ont, à chaque fois, proposé des solutions. Comme toujours, ils n'ont pas ménagé leur peine pour améliorer le texte. Je leur en suis particulièrement reconnaissant.

En raison de la complexité du sujet, j'ai demandé à Hervé Douceron et à Stéphane Maury d'apporter leurs lumières. Le premier, médecin psychiatre, féru d'histoire et de philosophie a examiné avec attention tout ce qui était dit à propos de la notion de temps. Le second, professeur de physiologie végétale à l'université d'Orléans, spécialiste reconnu d'épigénétique, a analysé sans complaisance la partie scientifique, complexe certes mais dont la vulgarisation risquait d'entraîner des raccourcis discutables voire inexacts. Tous deux ont également apporté un plus appréciable au manuscrit ; je les en remercie.

Puissent les lecteurs apprécier ce texte final grandement amendé par tous ceux qui ont participé à sa relecture et à sa correction.

“Qu’est-ce donc que le temps ? Si personne ne m’interroge, je le sais ; si je veux répondre à cette demande, je l’ignore. »

Saint Augustin, Les Confessions, Livre XI, Chapitre 14, N°17

À l’intention du lecteur

La plupart des termes biologiques utilisés dans les pages qui suivent sont définis et caractérisés au début de la partie intitulée “ La mort cellulaire programmée”, dans le chapitre “Retour sur quelques notions de base de biologie”.

PRÉAMBULE : LA NOTION DE TEMPS

Le temps qu'il fait et le temps qui passe…

« Ah ! il fait beau aujourd'hui !

— Oui mais un peu frais !

— Oui mais au fil des heures, le soleil va réchauffer l'atmosphère.

— C'est ce qui est prévu ! Cependant les prévisions météo ne sont pas toujours suivies d'effet, tant s'en faut ! »

Rares sont ceux qui n'ont jamais entendu ce genre de discussion. En effet, le temps qu'il fait, ou qu'il va faire, constitue un sujet classique, banal et fréquent d'échanges entre humains. On peut se demander quelle en est la raison.

Un premier élément d'explication à cet engouement pour la météo peut être trouvé dans une du film de Jean-Pierre Jeunet de 2001 "Le Fabuleux destin d'Amélie Poulain". Cette dernière, interprétée par Audrey Tautou, répond à Nino Quincampoix, joué par Mathieu Kassovitz : « C'est l'angoisse du temps qui passe qui nous fait tant parler du temps qu'il fait ». Les conséquences du "temps qui passe" seraient-elles si mystérieuses qu'il faille s'en méfier, voire les redouter ? Au contraire, le "temps qu'il fait" – ou encore mieux celui qu'il a fait – est, et pour cause, parfaitement connu et donc totalement dépourvu d'effets inattendus. Par conséquent, il ne risque pas d'entraîner, lui, de conséquences insoupçonnées. Mais c'est pour le futur que la situation se gâte. La météo, qui prévoit le temps des jours à venir, accompagne ses bulletins de prudentes mises en garde. Il est d'ailleurs intéressant de souligner que dans beaucoup de dictionnaires, la définition du mot "incertain" est suivie d'exemples dont le premier est, très souvent, "temps incertain". Cette expression laisse la place à l'existence possible d'un risque quelconque.

Mais alors, y a-t-il une relation entre ces deux types de temps ? On peut le penser : le temps qu'il a fait hier, avant-hier… correspond bien à l'écoulement du temps, c'est-à-dire au temps qui passe. Pourtant, dans de nombreux esprits, ce rapprochement ne paraît pas évident. Pour eux, parler du temps qui passe suggère plutôt de prendre en considération ses répercussions et plus précisément ses retombées sur les êtres vivants. Mais le temps qu'il fait n'a-t-il pas d'incidences sur la vie ? Les fortes chaleurs, ou à l'inverse les températures très froides, les épisodes de sécheresse ou de précipitations incessantes n'entraînent-ils pas des troubles graves – et même la mort – de certains végétaux par exemple ? Les arboriculteurs et les viticulteurs peuvent en témoigner. Alors n'y aurait-il pas tout simplement là une ambiguïté sémantique ? Les Anglo-saxons par exemple ne sont pas confrontés à ces confusions. Leur vocabulaire comporte, à cet effet, trois substantifs distincts : "*weather*" pour le temps qu'il fait, "*time*" pour celui qui passe et "*tense*" pour le temps des conjugaisons. Dans notre langue, ces équivoques, résultant des mots à notre portée, ne sont pas rares. Pourquoi dit-on notamment que l'augmentation des cellules, c'est-à-dire en réalité leur multiplication, procède de la division cellulaire ? Pour quelle raison, pour éteindre un ordinateur, faut-il appuyer sur le bouton "démarrer" ? Parfois, le vocabulaire disponible complique sérieusement l'aptitude à comprendre. Tel est donc le cas de l'imprécision entraînée par le nom "temps".

Pour tenter d'apporter des réponses à toutes ces questions, il paraît, sans doute, judicieux d'essayer d'approfondir en premier lieu cette notion de temps. Dans ce cadre, la démarche consistera d'abord à montrer combien elle est difficile à cerner. L'histoire de l'évolution de sa conception sera ensuite résumée, puis les diverses méthodes de mesure du temps seront brièvement décrites. Une deuxième partie s'intéressera aux effets du temps qui passe sur les animaux. La distinction entre vieillissement et sénescence s'imposera d'abord avant d'aborder les incidences biologiques du temps sur le monde animal et sur les êtres humains par conséquent. Enfin, un troisième volet tentera, cette fois, de faire le bilan de ces phénomènes chez les végétaux. Des sujets complexes tel celui de la réjuvénilisation — improprement appelée parfois rajeunissement — seront abordés. Enfin, pour conclure, la question de savoir s'il est possible de s'affranchir du temps sera posée.

Une notion difficile à cerner

Pour analyser les effets d'un facteur quelconque, il est indispensable de le maîtriser parfaitement, c'est-à-dire de le définir d'abord avec précision et ensuite de l'appliquer en suivant un protocole indiscutable. Chercher à savoir quelles sont les incidences du temps qui passe sur les êtres vivants ne déroge pas à cette règle fondamentale. Aussi, pour effectuer cette démarche, est-il nécessaire d'avoir à l'esprit ce que cette expression signifie. Qu'est-ce donc que le temps ? Comment peut-on le définir ?

En interrogeant un grand nombre d'individus sur ce point, il apparaît très nettement qu'elles ressentent ce que représente le temps mais sont, pour la plupart d'entre elles, incapables d'en fournir une définition claire et précise. Or, dans son poème "L'Art poétique" Boileau a écrit :

« Ce que l'on conçoit bien s'énonce clairement

Et les mots pour le dire arrivent aisément. »

Ces deux alexandrins ont tendance à révéler que les personnes questionnées ne se font pas une idée très juste de ce qu'est le temps. Rien d'étonnant à cela tant cette notion est délicate à saisir ! Pour tenter d'y voir un peu plus clair, essayons de nous reporter aux définitions que l'on peut trouver. À de rares détails près, les différents dictionnaires admettent que « le temps est un mouvement ininterrompu par lequel le présent devient le passé, considéré souvent comme une force agissant sur le monde, sur les êtres ». Une autre formule, également assez fréquente, soutient plutôt que c'est un « milieu indéfini et homogène dans lequel se situent les êtres et les choses et qui est caractérisé par sa double nature, à la fois continuité et succession ». À côté de cela, une définition plus brève, plus condensée, se limite à affirmer qu'il s'agit d'un « milieu infini dans lequel se succèdent les événements ». Soulignons de plus qu'en raison du principe de causalité qui établit qu'un effet ne peut précéder sa cause, le temps répond parfois à « l'ordre de l'enchaînement des causes et des effets ». Très théoriques, trop aux yeux de certains, ces considérations sont quelquefois remplacées par un principe plus pragmatique, plus concret, à savoir des observations de stratigraphie (superposition des strates géologiques) ou bien de dendrochronologie (étude des cernes de croissance des arbres). Elles permettent en effet d'exprimer indirectement le temps *via* ses conséquences.

Concept inventé par l'homme, le temps est donc difficile à cerner et pourtant il fait entièrement partie de notre environnement ordinaire. Cependant, avec lui, chacun a un rapport particulier. Patienter une heure dans un embouteillage semble beaucoup plus long et insupportable que passer la même durée dans une atmosphère festive. Par ailleurs, certains ne portent jamais de montre tandis que d'autres vivent quasiment les yeux rivés sur la leur pour respecter les horaires des repas, du travail, des rendez-vous…

Un autre élément complique la conception que l'on peut avoir du terme “temps” : la modification dans la permanence. En effet au cours de ce temps les objets demeurent – globalement – les mêmes, au plan numérique, mais subissent des transformations. Une image souvent utilisée à ce sujet est celle du cours d'eau qui paraît toujours identique à lui-même (sauf cas très particulier) tandis que l'eau qu'il véhicule est constamment différente. Mais là encore la prudence est de rigueur : qu'entend-on par changement ? D'une manière générale, il est admis qu'il résulte d'un apport limité de nouveauté associé à une création minime *ex nihilo*. Ainsi une nouvelle maison dont la construction est achevée ou une autre qui est démolie ou qui s'est écroulée illustrent bien cette notion. En revanche, tel n'est pas le cas d'un édifice en place depuis plusieurs années dont le crépi et les peintures extérieures n'ont pas été entretenus ; il n'y a pas là de création *ex nihilo*. Une fois de plus la conceptualisation du temps ne se simplifie pas, tant s'en faut !

* *

*

Un autre facteur contribue à brouiller l'idée que nous pouvons avoir du temps : plus il passe, plus celui qu'il fait se modifie. Expliquons-nous. Dans le contexte actuel du réchauffement atmosphérique, peu à peu mais inéluctablement, si des mesures ne sont pas prises, le climat se dégradera. La faute en revient à l'augmentation des émissions de gaz à effet de serre. Celle-ci est en grande partie la conséquence d'une volonté largement partagée par nos sociétés de tout augmenter : produire davantage, accélérer les cadences, consommer plus… À l'échelle internationale, de grandes conférences sur le climat – ou COP – réunissent les États engagés par une Convention-cadre des Nations unies. COP signifie "*Conferences of parties*", ces "*parties*" étant les signataires de la Convention (l'Union européenne et près de 200 autres pays). La vingt-et-unième COP (COP21) s'est tenue du 30 novembre au 11 décembre 2015 à Paris-Le Bourget sous présidence française. Elle a abouti à un accord connu sous le nom d' "Accord de Paris" qui prévoit de limiter à 2° C la hausse de la température d'ici la fin du XXIème siècle. La COP suivante (COP22), de Marrakech (07-18 novembre 2016) confirme ce but à atteindre en précisant cependant que l'augmentation doit, malgré tout, être "aussi près que possible de 1,5 degré". Non seulement une telle mesure s'impose vraiment mais, de plus, il lui faut être appliquée très rapidement pour éviter un dérèglement climatique irréversible.

Pour faire face à l'accélération du mode de vie qui se révèle grandement préjudiciable à l'environnement, des mouvements de contestation se sont créés. Ils préconisent, avec force et insistance, le ralentissement dans toutes les directions. Intitulés "Slow… " qui signifie "lent" en anglais, ils concernent aussi bien la façon de se nourrir ("*Slow food*") que la cosmétique ("*Slow cosmetic*") ou encore la vie en général ("*Slow life*"). Cette incitation à rechercher davantage de lenteur touche tous les domaines. Dans son ouvrage publié en 2005 et intitulé "Éloge du bonheur", Carl Honoré, un journaliste, écrivain et chroniqueur de presse affirme : « Nous avons décidément tendance à privilégier la quantité de tâches à abattre à la qualité de nos actes quotidiens ». Pour s'opposer à l'explosion de « la performance (…) requise sur tous les fronts de l'existence (travail, couple, famille, vie sociale et même… loisirs !) », il présente les solutions prônées par le courant d'opinion "Slow". Ce dernier soutient l'idée que la qualité de notre vie requiert un équilibre entre rapidité et lenteur. Il ne suggère donc pas de se transformer en escargot ou en tortue mais recommande de renoncer au "toujours plus vite". Mais le mouvement Slow ne fait-il pas preuve d'incohérence intellectuelle en réclamant que des mesures visant à limiter la production de gaz à effet de serre soient prises RAPIDEMENT alors qu'il milite pour une certaine lenteur ? Par ailleurs, les ralentissements évoqués ne peuvent pas avoir d'incidences dans le court terme alors que les événements extrêmes (très fortes températures, pluies diluviennes, inondations, sécheresses, violentes tempêtes…) ont déjà commencé à se manifester. Le temps qu'il fait porte aujourd'hui la marque du temps qui passe et il semble bien difficile de stopper, et même simplement de freiner, cette évolution.

* *

*

Un peu plus aisé à cerner que celui qui s'écoule, le temps qu'il fait retient l'attention du plus grand nombre. Comment peut-on expliquer un tel attrait ?

Dans un article publié le 1er septembre 2014 sur Slate.fr, la journaliste Lorraine Mélie rapporte des propos d'Anouchka Vasak qui illustrent l'engouement pour ce lieu commun qui tient tant de place dans les discussions. Cette dernière, co-animatrice du réseau "perception et climat" de l'École des hautes études en sciences sociales, y affirme : « Vous savez que vous établirez, avec n'importe quel inconnu, à coup sûr, un lien immédiat et de sympathie. Vous êtes en territoire neutre ». Cela justifie probablement le fait que ce sujet de conversation soit devenu un des plus répandus, à peu près au même titre que celui portant sur la nourriture. À titre d'exemple, il y est fait souvent allusion sur les cartes postales de vacances. Il convient toutefois de s'interroger sur une éventuelle spécificité des régions à climat tempéré où alternent quatre saisons avec des caractéristiques météorologiques différentes. En effet, dans les lieux recouverts de neige ou dans ceux soumis à la canicule pendant presque toute l'année, la question du temps qu'il fait n'a guère lieu d'être posée ; elle n'appartient donc pas aux sujets les plus abordés comme c'est le cas dans les pays occidentaux.

Dans les médias, la météo est l'un des pôles d'intérêt majeur. De plus, l'actualisation des applications météorologiques — sur les téléphones portables, tablettes et autres appareils de ce type — est effectuée sans retard avec une vigilance qui peut surprendre. En outre, l'observation personnelle quasi quotidienne de l'état du ciel conditionne bien souvent les activités à mener. Aussi sommes-nous suffisamment informés pour passer une partie de la journée à parler de ce temps qu'il fait, aboutissant ainsi à des discussions pratiquement philosophiques à propos du temps qui passe.

En France notamment, l'intérêt pour la météo touche en priorité certaines professions (agriculteurs, pêcheurs, guides de montagne…) pour des raisons évidentes. Mais la plus grande partie de ceux qui suivent attentivement les prévisions du temps qu'il va faire, le font pour organiser leurs loisirs. Y aura-t-il de la neige pour les vacances d'hiver ? Le soleil sera-t-il au rendez-vous cet été ? Les réponses négatives à ces questions entraînent des modifications dans leurs projets. Ces données permettent de comprendre que “La chaîne météo” figure en tête des consultations des applications mobiles pendant les périodes de vacances hivernales et estivales. Les présentateurs de la météo des divers médias ont considérablement amélioré la qualité de leurs interventions. Insensiblement les téléspectateurs, les auditeurs, les lecteurs… sont devenus de plus en plus dépendants de ces informations. Dans son article sur Slate.fr dont il a été question précédemment, Lorraine Mélie justifie que « c'est cette médiatisation, entamée dans les années 1960, qui a donné tant de poids à la météo dans nos bavardages ».

En dehors de leur utilité pratique, les habituelles discussions sur le temps qu'il fait créent une sorte de lien social. Le 20 janvier 1979, dans un de ses cours au Collège de France, le philosophe et sémiologue Roland Barthes présente les éléments de structure du haïku, un court poème d'origine japonaise. La composition, l'organisation, l'agencement… de celui-ci sont définis de façon rigoureuse. Il doit, notamment, comporter une référence à une saison. Aussi, dans son exposé Barthes est-il amené à parler du temps qu'il fait lorsqu'il est employé dans les conversations . Il considère que les mots utilisés dans ce cadre n'ont pas de véritable signification en eux-mêmes mais qu'ils maintiennent un contact entre la personne qui parle et celle qui écoute. Il en est de même en ce qui concerne "allo" au téléphone (et toutes les formules en découlant). Cette interjection ne veut rien dire mais elle facilite et prolonge le contact entre les deux intervenants. Le linguiste Roman Ossipovitch Jakobson donne à ce moyen de communication le nom de fonction phatique. Elle permet à des gens, qui ne se connaissent pas ou qui ne supportent pas le silence, d'échanger sans risque de se froisser, voire de se fâcher. De plus, parler du temps qu'il fait constitue parfois un sujet de tendres discussions. Tel est le cas, d'après Barthes, des membres d'une famille qui, au petit déjeuner, débattent sur ce point. Alors, quand l'être aimé n'est plus présent, pour quelque raison que ce soit, ne plus parler du temps peut très vite paraître insupportable.

Parfois même, aborder ce sujet ou se taire représente des postures de valeur comparable. Jean de La Bruyère n'a-t-il pas écrit à ce propos, dans le chapitre IV ("Du Cœur") dans ses "Caractères" : « Être avec des gens qu'on aime, cela suffit ; rêver, leur parler, ne leur parler point, penser à eux, penser à des choses plus indifférentes, mais auprès d'eux tout est égal ».

Il n'est probablement pas nécessaire de développer des arguments supplémentaires pour confirmer la complexité de la notion de temps. En revanche, pour comprendre comment cette difficulté s'est installée puis progressivement consolidée, l'histoire de ce concept paraît utile, voire indispensable.

L'histoire du concept "temps"

Les définitions du temps auxquelles il a été fait allusion précédemment font état de deux variables intimement imbriquées : le temps (« mouvement ininterrompu ») et l'espace (où « se situent les êtres et les choses »). On est ainsi amené à penser que l'histoire du temps a commencé de façon concomitante avec celle de l'espace et donc de l'univers. Dans leur très grande majorité, les spécialistes de cette question estiment que ce dernier résulte d'une dilatation rapide générée par une période dense et chaude vieille de 13,8 milliards d'années. À cette théorie cosmologique de l'origine et de l'expansion de l'univers, ils ont donné le nom de Big Bang (ou de Grand Boum). Toutefois dans leur esprit, ce terme n'est en rien synonyme d' "instant initial" ou de "commencement". En outre, bien que fréquemment utilisée, l'idée que ce Big Bang pourrait correspondre à une quelconque explosion créatrice de l'univers semble aujourd'hui totalement inappropriée.

La valeur de 13,8 milliards d'années qui vient d'être évoquée est très difficile à imaginer pour nous autres mortels qui ne vivons – au mieux – qu'une centaine d'années. Néanmoins, il convient de la rapprocher de certaines autres plus parlantes peut-être. À cet égard, il est communément admis que la terre est "née" il y a 4,56 milliards d'années et que les premières traces de vie datent, elles, de - 3,8 milliards d'années. La flore et la faune apparaissent respectivement aux environs de - 500 et - 400 millions (et non plus milliards cette fois !) d'années ; les dinosaures prospèrent par exemple de - 240 à - 66 millions d'années. Quant à l'homme, les plus vieux fossiles du genre *Homo* remontent à 2,8 millions d'années et ceux de notre espèce, *sapiens*, à 300 000 ans. Par conséquent, si l'on admet que l'histoire du temps débute avec le Big Bang ou plutôt avec la formation de la terre, nous devons considérer être aujourd'hui soit en l'an 13,8 milliards soit en l'année 4 milliards… Mais à vrai dire peu importe !

Dans la mesure où l'on ne sait absolument pas d'où et de quoi provient le Big Bang, il paraît impossible d'envisager de se situer au-delà de ce Big Bang. La question qui s'impose alors est la suivante : qu'y avait-il avant ? Gottfried Wilhelm Leibniz formulait cette interrogation de la façon suivante : « Pourquoi y a-t-il quelque chose plutôt que rien ? ». En d'autres termes d'où peut bien provenir le temps ? Trois hypothèses peuvent apporter des éléments de réponses. En premier lieu il est possible d'imaginer que le temps trouverait son origine dans le vide total. Cela signifierait que le temps aurait surgi brutalement de rien au cours du Big Bang, ce qui est, bien entendu totalement inconcevable. Deuxième possibilité : le temps existerait depuis toujours. Cette conception s'oppose à la précédente en ce sens que le temps ne proviendrait pas du néant mais résulterait de changements, de transformations… de facteurs présents depuis toujours. Il ne serait donc pas apparu brusquement à partir de rien. Ce point de vue n'est pas plus acceptable. Enfin, troisième postulat dû au théoricien cosmologiste britannique Stephen Hawking : le temps aurait un commencement mais il se situerait à l'infini. Certes, cette théorie n'a rien de choquant mais elle ne résout pas pour autant les problèmes posés ; elle ne fait que les détourner. Divers auteurs se sont attachés à analyser ces hypothèses. Tel est le cas du philosophe prussien

Emmanuel Kant. Dans son ouvrage intitulé “Critique de la raison pure” il s’intéresse, entre autres, au problème de l’origine du monde. Il énonce à ce sujet deux propositions plausibles mais contradictoires : soit le monde aurait un commencement dans le temps et serait limité dans l’espace ou bien le monde n’aurait ni commencement dans le temps ni limite dans l’espace mais serait infini dans le temps et dans l’espace. Il aboutit à l’idée qu’il est impossible de trancher entre ces deux conceptions sur l’origine et l’immensité du monde.

La question relative au début du temps paraît donc fort complexe et l’on peut être amené à se demander si elle a vraiment un sens. L’énoncé des (grandes) étapes de l’histoire de la conception du temps peut-il aider à y voir un peu plus clair ?

* *

*

L’existence d’un point de départ de l’Univers a été postulée par certaines civilisations. Dans ce cas, l’histoire est assimilée à une suite ininterrompue d’épisodes qui se déroulent les uns après les autres dans un sens bien défini et irréversible. Il en a été tout autrement chez les Égyptiens pour lesquels le temps ne correspondait pas à un flux s’écoulant sans cesse vers l’avenir mais résultait de l’union de deux composantes. L’une d’elles, *djet* (mot de genre féminin), associée au signe de la terre, correspond à la durée éternelle ; l’autre, *neheh* (mot de genre masculin), liée au soleil, exprime le temps cyclique.

Le souvenir que nous avons du passé, le fait qu’aujourd’hui appartiendra demain au passé, l’ignorance du futur, tout cela a conduit à diviser le temps en passé, en présent et en avenir. À cette trilogie les Égyptiens ont donc préféré la dualité *djet-neheh*, combinant le temporaire et le durable. Une telle dualité pour caractériser le temps n'a rien de bien surprenant chez eux où tout allait par paires complémentaires et/ou antagonistes. Par exemple, des suffixes différents leur permettaient – et à eux seuls – de distinguer le masculin (suffixe "wf") du féminin (suffixe "ty"). Autre illustration de ces associations : du Noun, l'océan primordial, représentant le néant sortait la pierre Benben (également appelée pyramidion), pierre supérieure d'une pyramide symbolisant le rayonnement, la perfection. De même Atoum, divinité créatrice, évoquait la lumière et Osiris les ténèbres… Les Égyptiens usaient ainsi de deux concepts antinomiques mais complémentaires pour parler du temps : *neheh* pour le temps cyclique (saisons, crues du Nil…) et *djet* pour l'éternité (éternel retour des cycles). Dans son ouvrage "*Djet* et *Neheh* – Une histoire du temps égyptien", (publié en 2007), Frédéric Servajean, professeur d'égyptologie à l'université Montpellier III le souligne clairement. Il précise que, selon lui, les Égyptiens distinguent « l'éternité (*djet*), conçue comme immuabilité, et le temps (*neheh*), dont l'expression théorique est le flux temporel cyclique. »

Djet, c'est-à-dire l'éternité, illustre le premier monde apparu. Celui-ci est l'œuvre du dieu Atoum qui, au moment du chaos, édifie la terre, sorte de copie du monde céleste, demeure des dieux. À cette fin, à partir du Noun – océan primordial – , surgit une première partie de terre. Puis un Créateur, appelé démiurge par Platon, met au monde les premiers êtres. Les dieux sont aussitôt séparés des hommes ; le ciel se forme ainsi que les corps célestes destinés à y résider. Les cycles des différents astres permettent alors la mesure du temps.

En outre, Servajean indique que « temps et éternité ne sont pas indépendants. Le temps, produit de la refondation du monde, est issu de l'éternité. Et, dans son déroulement cyclique, il regagne *djet* à intervalles réguliers. » Il en conclut que « le temps peut donc être considéré (…) comme une durée idéale aboutissant, après la mort, à l'éternité. »

Une fois générés par le démiurge, le temps, mais aussi l'espace, ne se renouvellent pas : ils ont été formés une fois pour toutes, lorsque le désordre a été remplacé par l'ordre cosmique. Or celui-ci est régulé par ce que les Égyptiens appellent la *maât*. principe de vie qui doit son nom à la divinité féminine Maât. Cette dernière représente l'honnêteté, la charité, le travail, la justice… La *maât* ou « l'ordre juste du monde » – pour reprendre le titre d'un ouvrage de l'archéologue et égyptologue française Bernadette Menu – se réfère aussi à l'équilibre. Elle constitue un principe dynamique gérant le bon déroulement, mais aussi le renouvellement, des cycles vitaux. Dans l'exercice de leur pouvoir, les rois successifs se conforment tous, autant que possible, au modèle initialement apparu et respectent la *maât*. Dans un article en date du 17 décembre 2002, l'égyptologue belge Jean Winand de l'université de Liège en conclut : « L'idéal pharaonique se situe donc davantage dans la stabilité des choses que dans leur répétition éternelle. »

De plus, les Égyptiens estiment que le temps et l'espace se caractérisent par une durée gigantesque mais non infinie. Le Noun, origine de la naissance de l'Univers, est par ailleurs considéré comme le passage incontournable de toute renaissance. La course du soleil qui, pour les Égyptiens concrétise le mouvement du temps, passe inévitablement par le Noun au cours de sa phase nocturne pour se reformer et réapparaître le matin. Dans ces conditions, l'écoulement du temps s'effectue de manière sinusoïdale avec des cycles identiques, un début et une fin. La schématisation par une courbe conduit à assimiler les parties montantes des cycles aux processus qui se déroulent dans le temps et l'espace. En revanche, les portions descendantes matérialisent le passage dans le Noun indispensable à la pérennité du temps.

En complément de toutes ces données, d'autres évoquent et défendent l'idée que la conception du temps chez les Égyptiens répond en fait à leur vision du monde. Ce point de vue se caractérise en premier lieu par une référence à l'"aspectivité". Ce concept regroupe des méthodes qui s'intéressent à une communication d'idées plutôt qu'à une réalité. En d'autres termes dans cette technique, certaines parties d'un modèle sont reproduites de face tandis que d'autres le sont de profil. Une telle modalité de création artistique s'oppose donc à la perspective dans laquelle tout ce qui est figuré résulte d'une observation effectuée et restituée sans bouger à partir d'un point donné. Ce sont justement là des caractéristiques de l'art pharaonique. Le plus souvent dans les œuvres funéraires ou religieuses, les têtes et les pieds apparaissent de profil et le reste des corps de face. En outre, les hymnes aux divinités traduisent les relations de ces dernières avec les hommes. Christophe Barbotin, conservateur en chef au département des antiquités égyptiennes du Louvre livre quelques informations et commentaires sur ce point. Dans un article de la Revue d'études antiques de 2017, il cite un extrait de texte à la gloire d'Osiris (*alias* Ounennéfer) : « Tu es apparu en gloire Ounennéfer, lors de tes fêtes de la *djet*, ô seigneur du *neheh*, souverain des dieux, vers qui viennent ce qui est et ce qui n'est pas ». Pour aider à comprendre il ajoute : « La locution "ce qui est et ce qui n'est pas" signifie le tout indissoluble, prédéterminé, par conséquent inaccessible à toute évolution et à toute perspective temporelle. » Il conclut finalement : « On ne saurait mieux dépeindre la perpétuité du cycle solaire aux antipodes du temps historique. ». La notion de temps se « surimpose aux aspects prédéterminés » ainsi que l'exprime Barbotin. Cependant le mythe de la Création amène à considérer qu'il existe un état antérieur au *neheh* et à la *djet*. Progressivement une chronologie va être introduite et les cycles vont interférer avec la notion de temps. Le cycle royal en particulier intervient à cet égard : des faits sont par exemple répertoriés en années de règne. Peu à peu, la perspective temporelle remplace l' "aspective" dont il a été question préalablement.

En dehors de l'Antiquité, les périodes de développement du judaïsme et du christianisme ont représenté des époques importantes au cours desquelles la notion de temps a également été diversement appréciée. Compilation de textes sacrés écrits et souvent fragmentaires, la Bible fait référence aussi bien chez les juifs que chez les chrétiens, avec toutefois quelques différences de forme et de fond. La Bible hébraïque – ou *Tanakh* en hébreu – est composée de trois parties : la Loi ou Torah, les Prophètes ou Nevi'im et les Écrits ou Ketouvim. Traduite en grec ancien puis en latin, elle porte respectivement les noms de Septante et de Vulgate. Quant à la version chrétienne, elle comporte deux parties : l'Ancien Testament (appelé aussi parfois Septante) qui correspond au *Tanakh* et le Nouveau Testament qui rassemble, lui, des textes concernant Jésus-Christ et ses disciples (Évangiles, Épitres, Apocalypses…).

"Le Livre de la Genèse" constitue le premier de ceux que comprend la Bible (judaïque et chrétienne). Il fait état de la création par Dieu du monde puis du premier couple, à savoir Adam et Ève. Ceux-ci sont installés dans le jardin d'Éden qu'Adam est chargé « de cultiver et de garder. » Dans ce lieu se trouvent deux arbres : celui de la vie et celui de la connaissance du bien et du mal. Une consigne impérative est donnée au couple : il est autorisé à se nourrir de tous les produits de ce jardin excepté les fruits de l'arbre de la connaissance du bien et du mal ; le non-respect de cette contrainte entraînera la mort. À ce sujet, Dieu aurait dit à Adam : « De celui-là tu n'en mangeras pas, car le jour où tu en mangeras, tu mourras. » Un serpent contredisant les paroles divines incite Ève à passer outre. Elle croque dans le fruit défendu puis le propose à Adam qui le mange à son tour. Ayant désobéi, Adam et Ève sont chassés du jardin d'Éden et deviennent ultérieurement mortels. Les autres humains créés par Dieu ou descendants naturels des premiers se montrent peu à peu violents. Le meurtre d'Abel par son frère Caïn – deux des trois fils d'Adam et Ève – l'illustre parfaitement. Face à ces problèmes, Dieu provoque le Déluge auquel seuls survivent le très pieux Noé, sa femme, ses fils, leurs épouses et des animaux. Noé a pour descendant lointain Abram (nom qui signifie "Le Père est exalté") que Dieu décide de dénommer un jour Abraham (c'est-à-dire père d'une multitude de nations) : « On ne t'appellera plus Abram ; mais ton nom sera Abraham, car je te rends père d'une multitude de nations. » Dieu qui parle avec Abraham lui fait, en outre, plusieurs promesses dont trois sont essentielles : un rédempteur, une descendance et une patrie.

À la suite de la promesse faite à Abraham, le peuple juif est persuadé qu'un Messie viendra pacifier et réconcilier les hommes. Comme l'écrit le philosophe Hervé Barreau dans son ouvrage "Le Temps" (2009), cette conviction engendre l'idée de l'existence d'un « "temps fini" assujetti à l'esprit qui détruit et d'un "temps infini" régi par l'esprit qui unit ». En d'autres termes, à la fin inexorable de l'empire du mal, des ténèbres par conséquent, succédera, à tout jamais, le triomphe de la Lumière. Fréquente dans la littérature juive, cette conception figure également dans le Nouveau Testament. Le christianisme, à qui elle a été transmise par filiation en quelque sorte, l'adopte. La différence essentielle entre les deux courants concerne l'arrivée du Messie : toujours attendue dans le judaïsme, elle s'est déjà manifestée en la personne du Christ chez les chrétiens.

Très tôt les Grecs ont pris conscience de la notion de temps. À cet égard ils ont distingué trois types de temps : le Chronos, le Kairos et l'Aiôn. Dans leur mythologie, le dieu Chronos incarne le temps chronologique – ou qui s'écoule – appréciable *via* une horloge. Il est linéaire et peut être schématisé par un axe, par exemple celui des abscisses dans une figure. Si l'on se focalise sur un des points de cette représentation, c'est-à-dire sur un moment donné, il sépare un passé d'un côté et un futur de l'autre. Kairos, dieu de "l'occasion opportune" comme l'écrit le philosophe québécois Jacques Dufresne (sur le site de L'Agora le 13 septembre 2020) personnifie le temps métaphysique. Ce dieu est représenté avec, sur la tête, une touffe de cheveux qui joue un rôle déterminant lors d'une rencontre avec lui. En effet, si elle est attrapée, c'est en fait une opportunité qui est saisie. Pour y parvenir il faut agir au "juste moment" : « avant c'est trop tôt et après c'est trop tard ». Bien souvent, se dire « c'est le bon moment pour faire… » ne repose sur rien de rationnel ; on se trouve plutôt dans le domaine des sensations. Cet instant précis correspond à un point de basculement entre un avant et un après ; il n'est pas repérable par des procédés physiques – usage d'une montre par exemple – mais par l'intuition. C'est elle qui permet de juger si le contexte est, ou non, favorable pour l'action à mener ou l'attitude à adopter. En la matière la précipitation est mauvaise conseillère : elle risque fort d'entraîner un dépassement de ce stade propice. En revanche, le ralentissement qui évite cet écueil constitue un atout précieux. Pour toutes ces raisons, à l'inverse du temps Chronos, le Kairos ne peut pas être considéré comme quantitatif. Il apparaît qualitatif : immatériel et ressenti, il ne se mesure pas. Quant à Aiôn, divinité grecque, elle est impliquée dans le temps cyclique, celui des phénomènes qui se reproduisent constamment comme les saisons, la respiration, la circulation sanguine…

Le temps qui passe constitue donc une entité très particulière, extrêmement difficile à appréhender. Il n'est ni un objet ni un être et pourtant il existe bel et bien. Pour, non pas y accéder, mais s'en approcher au plan intellectuel, il est possible de le représenter. Le plus souvent, un axe orienté est utilisé à cet effet : il matérialise ce qui est connu sous le nom de théorie de la linéarité du temps. Elle admet que celui-ci s'écoule de façon linéaire ; chaque point de l'axe sépare deux zones : une en amont et une autre en aval qui symbolisent respectivement le passé et l'avenir. Quant au point, frontière entre elles deux, il concrétise le présent. En ce qui concerne les extrémités de l'axe, elles ne sont pas définies et suggèrent que le passé et le futur sont illimités.

À ce propos, certains soutiennent que le temps n'a ni début ni fin. Dans des écrits chinois fort anciens, on trouve des textes dans lesquels la question de la présence hypothétique de choses et d'êtres aux temps les plus antiques est posée. La réponse qui est apportée est du type « s'il n'y avait rien eu, d'où seraient venus les êtres et les choses d'aujourd'hui ? ». Une nouvelle interrogation fait immédiatement suite : tous les événements semblant se succéder selon un ordre, n'ont-ils pas un point de départ ? En outre, la plupart du temps, le terme de l'un d'eux est l'origine d'un autre. On peut donc accepter l'idée que terme et origine s'enchaînent sans fin. Le temps, tout comme l'espace d'ailleurs, doit donc être regardé – selon ces textes chinois anciens – comme une grandeur infinie.

La civilisation gréco-latine s'est appliquée à affirmer et à tenter de montrer que le temps ne pouvait pas être séparé de l'éternité. Dans le Timée par exemple, Platon définit le temps par ces mots : « Image mobile de l'éternité immobile ». Il le considère donc comme une sorte d' "imitation mobile de l'éternité" rendue possible grâce à son mouvement cyclique. Pour sa part, Aristote aborde ce problème dans son ouvrage "La Physique" où il relie temps et "notion de mouvement". Il déclare ainsi que « le temps n'existe pas sans le changement ; en effet quand nous ne subissons pas de changements dans notre pensée, ou que nous ne les apercevons pas, il ne nous semble pas qu'il se soit passé du temps. » Il en conclut : « Voici ce qu'est le temps : le nombre du mouvement selon l'antérieur et le postérieur. » Qu'entend-il alors par « nombre du mouvement » ? Tout laisse à penser que dans son esprit cette formulation ne faisait pas référence aux chiffres 1, 2, 3… (seuls ou en associations) destinés à quantifier ou à mesurer. Il entendait plutôt vraisemblablement grandeur , importance du phénomène. Des précisions sur ce concept sont données dans le blog "marcalpozzo.blogspirit.com" du philosophe français Marc Alpozzo. Le 8 août 2021, sous le titre "Qu'est-ce que le temps , (Saint Augustin)" le mouvement est défini par « le principe de la génération, de la corruption, de l'accroissement et de l'altération des choses. Il produit une rupture entre deux états. » C'est cette dernière qui séparerait un "antérieur" d'un "postérieur". Par conséquent le temps, ou plus exactement son action, se révèlerait au travers du mouvement qui remanie l'aspect et/ou l'état de tout élément. Précisons tout de suite à cet égard que, dans sa théorie de la relativité, le physicien Albert Einstein se rallie à ce point de vue, convaincu que la perception du temps dépend du "mouvement".

Selon Platon et Aristote le temps n'a pas eu de commencement. En ce sens, ils défendent une conception cyclique du temps. Le néo-platonisme y apporte ensuite une réflexion spirituelle : la capacité de l'âme à rejoindre l'éternité. Dès le quatrième siècle, le néo-platonisme chrétien associe le dieu créateur juif à l'ordre temporel grec de l'Univers et au salut chrétien du Christ. Une telle démarche se retrouve pratiquement dans la doctrine de saint Augustin, lequel adhère, lui, à l'existence d'un début temporel de l'Univers : « Le temps a des bornes » affirme-t-il dans ses "Confessions". Toutefois cette conception semble tout fait contraire à celle de la Genèse : jusqu'au moment de la Création, il ne se serait rien passé. Il n'existerait donc pas d'"avant" par rapport à cette Création. En particulier, le temps n'aurait pas encore été créé : il apparaîtrait avec la Création. Et comme la notion de temps implique l'idée d'un avant et d'un après, s'il n'y a pas d'avant, il n'y a pas de temps par voie de conséquence. Néanmoins une telle interprétation des faits, réels ou imaginés, dépend d'un responsable, d'un faiseur (quel qu'il soit) préalablement en place. Mais la question de la Création de celui-ci pose bien évidemment problème. D'aucuns admettent qu'il aurait toujours existé et qu'il aurait donné naissance à l'univers à partir du néant. Comment expliquer alors une création à partir de rien ? En nous posant de telles questions, ne voyageons-nous pas dans une métaphysique purement verbale pour atteindre un « animisme de primitifs » selon une expression de Nietzsche rapportée par le chinois Jiaying Chen, professeur de philosophie à l'université de Pékin (à ne pas confondre avec Jianying Chen, réalisatrice de cinéma, Palme d'or du court-métrage au Festival de Cannes 2022) ? Ce sujet est si difficile à aborder que, dans l' "Antinomie de la Raison pure", Kant développe des arguments favorables à l'idée du caractère fini du temps mais également d'autres qui s'inscrivent dans la thèse totalement opposée. Dans cet exercice l'auteur ne cherche pas à valider une de ces propositions et à désapprouver l'autre mais plutôt à montrer que ni l'une ni l'autre ne constitue une réponse satisfaisante au sujet pris en compte. Cette façon de traiter des questions par thèse et antithèse a été critiquée. Ainsi dans ses "Leçons sur l'histoire de la philosophie", le philosophe allemand Georg Wilhelm Friedrich Hegel déclare-t-il : « Elle est la contradiction entre deux conceptions : celle du monde comme la somme totale de toutes les choses quelles qu'elles soient ; celle du monde comme étant lui-même infini, non subordonné à quelque condition que ce soit ». Mais il convient de reconnaître que l'infini ne nous est pas aisément accessible ; par conséquent c'est dans le "fini" que nous nous exprimons. Cependant, rien n'interdit d'imaginer – comme le fait Jiaying Chen – que « l'univers soit infini et possède néanmoins des frontières et qu'il ait eu un commencement ». Pour cela il suffit par exemple d'admettre que « cette chose sans borne (...) est plus grande que toutes les autres » ou bien que les « frontières de l'univers (...) reculent à l'infini ». Ainsi peut-on accepter l'idée que le monde possède certes une origine et un terme mais d'une nature différente de celle des points de départ et de fin qui nous sont habituels.

S'il admet que le temps a des bornes, saint Augustin, lui, éprouve quelques difficultés, en particulier, pour apprécier l'écoulement du temps. En effet, dans "Les Confessions" il déclare : « J'affirme avec force ceci : si rien ne se passait, il n'y aurait pas de passé ; si rien n'advenait, il n'y aurait pas de futur ; si rien n'était, il n'y aurait pas de présent. » Dans ces conditions, comment peut-on dire à propos du passé et du futur ce qu'ils sont dans la mesure où le passé n'existe plus et le futur pas encore ? Quant au présent, s'il ne devenait plus le passé il aurait toutes les caractéristiques de l'éternité et ne pourrait plus être considéré comme un temps qui s'écoule. Pour tenter d'affronter victorieusement cet écueil, saint Augustin suggère, un peu comme Aristote, d'assimiler, en partie tout au moins, temps et mouvement. Il rappelle à ce sujet que le temps ne peut se concevoir que *via* un changement. De fait, il n'est pas aisé d'admettre que du temps soit passé lorsque l'on se souvient de quelque chose ou quand on conserve une idée ; on a tendance à reconnaître que le temps a passé à la suite de la perception d'un changement. Le temps ne peut pas vraiment être confondu avec le mouvement (pas plus qu'avec son absence) mais il paraît lié au mouvement.

Largement inspiré par Aristote, saint Augustin apporte quelques précisions quant à la façon d'appréhender la notion de temps. Pour lui il n'existe pas les trois temps classiquement considérés, à savoir le passé, l'avenir et le présent, d'autant que l'existence des deux premiers est fort discutable. Cependant, il est tout à fait possible de distinguer trois temps particuliers : le présent du passé, celui du présent et celui de l'avenir. Ils correspondent respectivement à la mémoire, à la perception du moment et à l'attente. Cette façon de prendre en compte le temps est tout à fait compatible avec l'idée de son rattachement à une modification : avoir conscience du temps qui passe exige de mettre en évidence des changements (alternance jour-nuit, succession des saisons, décès au terme de la vie…). Ceux-ci représentent des coupures de schémas jusque-là continus. Une question se pose cependant : les trois temps auxquels il a été fait allusion, existent-ils réellement ou est-ce notre conscience qui nous les fait admettre ? Saint Augustin y répond dans ses "Confessions" par la formule : « Le temps serait une distension de l'âme » ». Il apparaîtrait donc telle « une tension soit vers ce qui n'est plus, soit vers ce qui n'est pas encore » pour reprendre ce qu'écrit Alpozzo dans son blog. Tout cela conduit à reconnaître le temps comme une « réalité subjective ».

Pour préciser sa pensée, dans plusieurs de ses ouvrages dont "La Genèse contre les manichéens" et "La Cité de Dieu", Augustin divise l'histoire en six âges. Pourquoi six ? Probablement pour faire écho aux six jours de la Création. Le premier de ceux-ci commencerait à l'apparition d'Adam (-3761) et prendrait fin avec le déluge (-2348). Le deuxième s'étendrait de l'époque de Noé à celle d'Abraham (-1813) – la période du déluge donnant lieu à une suspension de temps. Le troisième se terminerait avec l'installation du royaume du roi David (-1000). Le terme du suivant correspondrait à la destruction du Temple de Jérusalem par Nabuchodonosor II (-588). Le cinquième cesserait avec la naissance du Christ et le sixième durerait de cette dernière à nos jours. Dans cet organigramme, le temps présent des chrétiens contemporains d'Augustin cadrerait avec le sixième âge. Il aurait par conséquent un début parfaitement défini, l'Incarnation, et une fin, l'Apocalypse, qui, elle, n'est pas fixée.

Pendant des années, voire des siècles, les penseurs, les auteurs… achoppent sur un point en assimilant, ou non, le temps et sa durée. Des moyens successifs et de plus en plus précis de mesure du temps sont inventés. Ils n'aboutissent pas, pour autant, à apporter plus d'informations pour définir ce qu'il est. Les théologiens médiévaux, en particulier Thomas d'Aquin, tentent de résoudre ce dilemme. Ils considèrent que la conception aristotélicienne du temps est tout à fait adaptée à l'étude des phénomènes physiques et astronomiques. Quant à la durée, celle envisagée par les néo-platoniciens, elle leur convient dans l'ensemble. Les esprits créés (les anges par exemple) ont un commencement mais pas de fin tandis que Dieu le Créateur n'a ni début ni fin ; ils appartiendraient respectivement à la durée et à l'éternité. Quant aux événements physiques, qui eux ont à la fois un commencement et une fin, ils seraient effectivement situés dans le temps.

La première reconnaissance du temps comme véritable grandeur physique est probablement due au savant italien Galileo Galilei dit Galilée. Il constate en effet que dans la chute d'un corps, la vitesse atteinte n'est pas proportionnelle à la distance parcourue mais à la durée écoulée depuis le moment de la chute. En revanche, cette distance parcourue est, elle, proportionnelle au carré de la durée. Ce résultat met à mal les mesures du temps par rapport à un *a priori* tel que le mouvement apparent du ciel qui s'est révélé sans aucune valeur par la suite. Il ouvre la voie à des savants. Johannes Kepler, par exemple, spécialiste allemand des corps célestes, reprend l'hypothèse de Nicolas Copernic, astronome polonais (pour certains et allemand pour d'autres) selon laquelle la terre tourne autour du soleil. Il découvre alors les relations mathématiques qui régissent les mouvements des planètes. Exploitées par le mathématicien anglais Isaac Newton, elles lui permettent d'établir la théorie de la gravitation universelle. Par conséquent on arrive peu à peu à l'idée que l'accélération d'un corps constitue un élément majeur, – qualifié alors d' "absolu"– qui impose à ce corps un effet "propre". Il en résulte que l'espace et le temps où se produit cet effet doivent également être désignés comme des "absolus". « C'est pourquoi il faut les appeler "vrais" et "mathématiques", par opposition aux espaces et aux temps "relatifs", "apparents" et "vulgaires". Ces trois derniers qualificatifs peuvent être attribués (…) au temps aristotélicien, alors que le temps de Newton [est] complètement libéré de ces contingences » écrit Barreau dans "Le Temps" (dont il a été question précédemment).

Philosophe et théologien britannique, Samuel Clarke est aussi un fervent disciple et un ami de Newton dont il a pris la défense dans plusieurs œuvres. La plus connue est probablement sa correspondance avec Leibniz. Cet échange épistolaire du début du XVIIIème siècle constitue une véritable confrontation entre la philosophie mathématique "newtonienne" et la philosophie métaphysique "leibnizienne". Elle comporte principalement des discussions sur la dualité espace-temps : Newton assimile ces deux grandeurs à de « quasi-attributs divins », tandis que Leibniz voit en eux « des ordres de coexistence et de succession entre les phénomènes » comme l'écrit Barreau. En fait, on peut admettre que Leibniz a adopté le point de vue d'Augustin qui stipule qu'il n'existe pas de temps antérieur à la Création de l'Univers, contrairement à ce qu'affirme Clarke.

La mort de Leibniz met, bien entendu, un point final à la controverse avec Clarke mais le débat se poursuit pendant près de deux siècles entre divers autres spécialistes de la question. Ainsi Leonhard Euler, mathématicien et physicien suisse marche-t-il plutôt dans les pas de Newton pour des raisons de démarches scientifiques très voisines. Celles-ci débouchent par exemple sur les équations de Newton-Euler relatives à la dynamique de translation et de rotation d'un corps rigide. À l'inverse, reprenant les positions de Leibniz, le philosophe et évêque irlandais George Berkeley met en doute les conclusions de Newton concernant l'existence d'un espace "absolu" ; il critique surtout les insuffisances de preuves à ce sujet. Physicien et philosophe des sciences, l'autrichien Ernst Mach les reprend, les confirme et s'applique à démontrer l'irrecevabilité des arguments newtoniens destinés à justifier l'espace "absolu". L'ensemble des critiques formulées par Mach contre la mécanique newtonienne est connu sous le nom de “principe de Mach”. Selon certains, il aurait favorablement influencé Einstein dans l’élaboration de sa théorie de la relativité.

Chez un autre auteur, Kant en l’occurrence, le temps est omniprésent. Tel est le cas en particulier dans son ouvrage “La Critique de la raison pure” dans lequel il l’évoque en ces mots : « Le temps ce n’est pas seulement ce qui fait que les choses passent, c’est aussi ce qui fait qu’elles arrivent en même temps et, plus fondamentalement encore, ce qui fait qu’elles durent. » Il insiste donc sur la notion de succession, trop souvent retenue pour en parler, alors que les idées de simultanéité et de permanence ne peuvent pas être oubliées. En fait, Kant estime que le temps est une forme d’intuition : il n’est ni une entité perceptible ni un phénomène mais la condition indispensable à la manifestation de ceux-ci. Dans l’ “Esthétique transcendantale” (première partie de la Critique de la raison pure), il affirme : « Le temps n’est pas un « concept empirique qui dérive de quelque expérience. (…) Le temps est une représentation nécessaire qui sert de fondement à toutes les intuitions. » Il poursuit en ajoutant par ailleurs : « Le temps n’est pas un concept discursif ou, comme on dit, général mais une forme pure de l’intuition sensible. »

On peut alors penser que l’opinion de Kant a influencé le mathématicien, théoricien et philosophe français Henri Poincaré. Celui-ci s’est surtout intéressé aux propriétés métriques du temps, notamment dans son livre “La valeur de la science” (1913). Mais lorsqu’il aborde la question de la nature du temps, il n’hésite pas à y voir un phénomène de conscience. Dans la “Revue de Métaphysique et de Morale” (T. VI, 1898) il déclare notamment : « Tant que l'on ne sort pas du domaine de la conscience, la notion de temps est relativement claire. » Il précise par la suite que cette dernière se singularise par l'aptitude à différencier la sensation des souvenirs passés et la prévision des sensations futures. Et c'est toujours probablement Kant qui lui inspire ces réflexions : « Nous classons nos souvenirs dans le temps, mais nous savons qu'il reste des cases vides. Comment cela se pourrait-il si le temps n'était pas une forme préexistante dans notre esprit ? » Finalement, Poincaré qui se focalise sur la mesure du temps se heurte à deux obstacles : comment transcrire un temps psychologique de manière quantitative d'une part et comment effectuer des mesures concernant des faits qui ont lieu dans des moments différents ?

Le philosophe français Henri Bergson porte, lui aussi, une attention toute particulière à ce concept de durée. De manière assez classique le temps est divisé en trois parties : le passé, le présent et l'avenir. Une telle conception résulte, semble-t-il, des trois dimensions de l'espace. Au fil de son œuvre, Bergson critique l'assimilation de la durée à la vision d'un temps spatialisé. Dans son livre "La Pensée et le Mouvant" – un recueil de textes et de conférences – il soutient que « tous les malentendus proviennent de ce qu'on a abordé les applications de notre conception de la durée réelle avec l'idée qu'on se faisait du temps spatialisé. » Selon lui, la durée n'est ni l'espace, ni le temps spatialisé ; elle ne correspond pas non plus au sens qui lui est attribué de façon commune. À ce titre, Bergson se rapproche de saint Augustin. Tous deux admettent que, comme l'indique la professeure de philosophie Agnès Pigler sur le site de l'académie de Guyane : « Il y a une contamination de la durée par l'espace. » Ensemble ils dénoncent l'appréhension de la durée à l'aide d'une référence au temps spatialisé. Un autre point est partagé par ces deux philosophes : la distinction de deux temps bien distincts, respectivement qualifiés d'objectif et de subjectif. À ce sujet rappelons que, dans le langage commun, le temps apparaît comme une évidence. Ainsi puisque l'après-midi succède au matin, du temps s'est écoulé entre ces deux moments. Il s'agit là de l'aspect objectif du temps. Mais le passé n'a plus de réalité, le futur n'en a pas encore et la fugacité du présent rend la réalité de celui-ci contestable. Cela conduit à imaginer que le temps ne serait pas en rapport avec la succession des processus mais plutôt avec les perceptions humaines du monde extérieur. Aussi l'adjectif subjectif semble tout à fait indiqué à propos du temps, ce qui incite Bergson à appeler "durée" ce temps subjectif. Mais, conséquence directe, cette caractéristique fondamentale psychique obère considérablement sa mesure : il est seulement possible de l'apprécier de manière assez vague. En effet, la crainte, l'angoisse… confèrent au temps une impression de longueur, tandis que le plaisir, la joie…le font ressentir très court. Dans son ouvrage intitulé "Essai sur les données immédiates de la conscience", Bergson écrit à ce sujet : « Si je veux me préparer un verre d'eau sucrée, (…), je dois attendre que le sucre fonde *(sic)* (…). Le temps que j'ai à attendre n'est plus [un] temps mathématique (…). Il coïncide avec mon impatience, c'est-à-dire avec une certaine portion de ma durée à moi. » La durée présente donc un caractère subjectif dans la mesure où elle est dépendante de l'état d'esprit de la personne concernée. En revanche, le temps dit objectif est lui parfaitement mesurable.

Après tous ces philosophes dont il vient d'être question, de nombreux scientifiques, en particulier Einstein, s'efforcent de clarifier la notion de temps. Physicien, théoricien de nationalité fluctuante au cours des années, il a énoncé dès 1905 la théorie de la relativité restreinte. Le "New York Times" lui attribue – sans que cela ait, semble-t-il, été démontré – la paternité de la déclaration suivante : « Une heure assis à côté d'une jolie femme semble durer une minute. Une minute assis sur un four brûlant semble durer une heure. C'est ça la relativité », En fait, des interprétations de travaux antérieurs ajoutées à ses propres observations et calculs paraissent constituer des éléments beaucoup plus crédibles pour l'élaboration de sa théorie. Une des bases fondamentales de cette dernière réside dans la remise en cause des notions de simultanéité et d'espace.

Les conséquences en sont nombreuses. Tel est le cas par exemple de l'existence de l'antimatière. Cette dernière est constituée par l'ensemble des particules (appelées d'ailleurs antiparticules) de même masse mais de charge opposée à celles des particules jouant le même rôle dans la matière. Chaque particule possède une antiparticule qui présente les mêmes caractéristiques qu'elle, mais qui s'en distingue uniquement par une charge opposée. Cela étant, une particule de charge nulle sera à la fois particule et antiparticule ; c'est le cas du photon notamment. Bien qu'assez délicate à assimiler par le commun des mortels, cette notion n'est pas seulement intellectuelle et théorique ; elle possède de nombreuses applications pratiques. D'une manière générale, on peut dire aujourd'hui que des appareils de médecine à usage quotidien reposent sur ce principe. Ainsi la tomographie par émission de positons

(TEP-scan) utilise-t-elle de l'antimatière. Mais l'antimatière n'est présente qu'en infimes quantités : on la trouve dans les rayons cosmiques ou dans les réalisations de laboratoire. Toutefois au moment du Big Bang, les quantités de la matière et de l'antimatière devaient être égales. Autre conséquence de ce changement de paradigme : l'affirmation d'une relation d'équivalence entre la masse et l'énergie exprimée par la célèbre égalité " $E=mc^2$ " dans laquelle E est l'énergie, m la masse et c (pour célérité) la vitesse de la lumière. Une troisième répercussion de cette modification concerne l'impossibilité pour tout élément matériel d'atteindre cette vitesse de la lumière – qui, dans le vide est de 300 000 km par seconde (299 792,458 pour être très précis). Quoique... « Et si Einstein s'était trompé ? » comme le titre un article de lejdd.fr du 23 septembre 2011 et mis à jour le 25 janvier 2023. Cette interrogation fait suite à la communication d'un résultat déroutant : l'équipe du CERN (Conseil européen pour la recherche nucléaire) de Genève révèle que des particules élémentaires (neutrinos) émises par un accélérateur de celles-ci ont atteint des détecteurs avec une avance de soixante nanosecondes (= soixante milliardièmes de seconde ou 10^{-9} seconde) sur le temps mis par la lumière pour parcourir la même distance. En d'autres termes ces particules se sont déplacées à 300 006 km par seconde, ce qui est en désaccord total avec les théories d'Einstein pour qui la vitesse de propagation de la lumière constitue une « limite infranchissable ». Après vérifications de toutes les étapes de la procédure ayant abouti à ce résultat pour le moins surprenant, après une duplication de l'expérience, le CERN confirme ses données et ses conclusions. Mais le 8 juin 2012 il reconnaît qu'une mauvaise connexion entre un GPS et un ordinateur et que le fonctionnement d'une horloge aux vibrations faiblement défectueuses étaient responsables de "l'anomalie" observée. La théorie de la relativité restreinte d'Einstein retrouve ainsi toute sa valeur.

Cette conception de la relativité restreinte postule que l'espace et le temps sont indissociablement liés. Ils forment "l'espace-temps", une structure à quatre dimensions : les trois classiques de l'espace auxquelles s'ajoute le temps. Elle avait été énoncée à l'origine par le mathématicien lituanien Hermann Minkowski qui avait affirmé dès 1908 : « L'espace en lui-même et le temps en lui-même sont destinés à s'évanouir comme des ombres, et seule pourra prétendre à une existence indépendante une espèce d'union de l'un et de l'autre. » En s'appuyant sur cet "espace-temps" quadridimensionnel, Einstein élargit sa précédente théorie à celle d'une relativité générale. « La masse et l'énergie courbent l'espace-temps et l'effet de cette courbure est ce que nous appelons la gravité » écrit, à ce sujet, le physicien italien des particules Guido Tonelli dans son ouvrage "Temps ou les mystères de Chronos" (2023). Il convient de comprendre là que l'espace-temps se déforme sous l'influence de l'énergie et/ou de la masse et la courbure en question est fonction des quantités de ces deux grandeurs. De par leur action sur l'espace-temps, l'énergie et la masse modifient l'écoulement du temps : la déformation de l'espace va de pair avec l'augmentation du temps. Lorsque le champ gravitationnel est plus intense, le temps s'écoule plus lentement que dans les espaces où ce champ est plus faible. Des calculs effectués par des spécialistes de la théorie de la relativité conduisent à l'idée que la vitesse a une influence sur la durée de vie. Les chercheurs en ce domaine estiment : « en raison de leur grande vitesse [(environ 28 000 km par heure autour de la terre) les occupants de la Station spatiale internationale] gagnent 10,4 millisecondes de vie par année de vol » comme l'indique Tonelli. Certes les conséquences de la relativité apparaissent tout à fait limitées et sont, la plupart du temps, négligeables. Toutefois dans certaines situations telles que la synchronisation des communications, il n'est pas possible de délaisser les corrections. Le non-respect de cette mesure entraîne l'échec de diverses démarches. Ainsi les différents systèmes de géolocalisation fonctionnent-ils sur la base de triangulations de signaux radio qui doivent absolument arriver en un point précis à un moment parfaitement exact, à la microseconde (ou millionième de seconde) près. Tonelli précise à propos du système GPS qu'en l'absence de corrections de « 38 microsecondes la résolution spatiale se dégraderait de quelques kilomètres en un jour, ce qui rendrait le système inutile. » Il apparaît donc clairement qu'il est illusoire de vouloir s'intéresser au temps sans en référer à l'espace. Il convient malgré tout de reconnaître que, sur terre, les conséquences de la relativité générale sont si faibles qu'elles peuvent, la plupart du temps être totalement négligées. En revanche dans le cadre du système solaire, l'espace-temps atteint des dimensions si importantes que ces effets doivent absolument être pris en considération.

Assimiler ou non durée et temporalité, admettre ou refuser l'existence de limites, distinguer les caractères objectif ou subjectif du temps..., tout cela démontre la difficulté de parler de la notion, fort abstraite, de temps. De plus, parce qu'il est ressenti, apprécié par chacun de nous, le temps appartient à l'intime, à l'affect. Pour cette raison sa vision risque de se confondre avec la conscience qu'on a de lui. Et pourtant, depuis bien longtemps l'homme a essayé de quantifier le temps.

* *

*

Comme on vient de le voir, lorsque l'on envisage de mesurer le temps qui passe, il convient de distinguer nettement deux volets : les temps qualifiés d'objectif et de subjectif. Le premier correspond à l'horloge, le second au vécu par la conscience. Une telle dualité accentue beaucoup les difficultés d'accès à cette notion de temps. En revanche, admettre la linéarité du temps simplifie beaucoup sa quantification. Plusieurs modalités peuvent être retenues à cet égard. Il est ainsi possible de s'intéresser à deux événements pour chiffrer l'intervalle de temps qui les sépare. Par exemple, si l'on observe une chrysalide enfermée dans son cocon et si l'on attend l'apparition ultérieure du papillon, on disposera d'un délai qui pourra servir de référence pour d'autres situations qui dureront plus ou moins longtemps. On peut tout aussi bien fixer une durée de base qui servira d'étalon vis-à-vis de différents processus. Tels étaient les principes de la clepsydre (écoulement d'un volume connu d'eau d'un récipient supérieur vers un inférieur) ou du sablier. Mais il est vite apparu plus pratique de retenir d'autres types de normes.

Dès l'Antiquité, les Égyptiens ont retenu un système de mesure calendaire et horaire. Dans ce modèle, une année correspond à une révolution complète de la terre autour du soleil et chaque cycle lunaire pour un mois. La rotation de la terre sur elle-même, quant à elle, compte pour une journée. En fait, il y a une très légère approximation dans ces définitions ; c'est pourquoi, tous les quatre ans un jour est ajouté : le 29 février des années bissextiles. Le jour est ensuite divisé en vingt-quatre heures, une heure en soixante minutes et une minute en soixante secondes. Les montres, les réveils, les horloges… sont alors fabriqués en respectant aussi scrupuleusement que possible les caractéristiques fondamentales de ces unités de temps. La quantification *via* ces unités devient ainsi plausible. Cependant, il est désormais acquis que les phénomènes astronomiques (révolution de la terre autour du soleil, rotation de la terre sur elle-même…) n'ont pas une durée parfaitement constante. Par conséquent les grandeurs qui en dérivent (heure, minute, seconde…) ne sont pas définies avec une totale rigueur. Pour faire face à cette situation, d'autres moyens ont été recherchés ; c'est le domaine de la physique qui a apporté la solution. Ainsi progressivement, à partir du XXème siècle, les appareils destinés à assurer cette fonction (horloges, montres, ordinateurs…) ont été équipés de cristaux de quartz. Ceux-ci présentent une fréquence d'oscillations parfaitement stable de 32 768 par seconde. Par conséquent, lorsque ce nombre de vibrations est atteint, la trotteuse avance aussitôt et automatiquement d'une seconde. Actuellement (au XXIème siècle) la seconde est considérée comme "la durée de 9 192 631 770 oscillations de la radiation correspondant à la transition entre les deux niveaux hyperfins de l'état fondamental de l'atome de césium 133". Les appareils qui comptent ces oscillations sont appelés "horloges atomiques". Selon certaines sources, il est possible que vers 2025 une nouvelle définition – encore plus précise – soit établie. Elle ferait appel à l'atome de strontium et à des lasers particulièrement performants.

La conception que l'on peut avoir du temps se révèle donc particulièrement complexe. Les points de vue sont différents voire opposés, les axiomes nombreux et par définition rejetés par certains… Mais une autre de ses propriétés brouille encore davantage les pistes – si cela est possible ! – : son irréversibilité.

L’irréversibilité du temps

Philosophe de la morale et de la métaphysique – qu’il a d’ailleurs enseignées dans diverses universités –, grand mélomane et musicologue, Vladimir Jankélévitch a fait référence au temps dans tous ces domaines qui le séduisaient. À ce titre, d’aucuns voient en lui, d’abord et avant tout « un philosophe du temps. » Dans ses différents écrits, il insiste sur un trait spécifique et fondamental du temps : son irréversibilité. Selon certains spécialistes il aurait pu être influencé sur ce point par Louis Lavelle, philosophe également, contemporain un tant soit peu plus âgé que lui. Ainsi ce dernier écrivait-il en 1945 dans un ouvrage intitulé “Du Temps et de l’éternité” : « L’irréversibilité constitue (…) le caractère le plus essentiel du temps, le plus émouvant et celui qui donne à notre vie tant de gravité et ce fond tragique dont la découverte fait naître en nous une angoisse. » Quant à Jankélévitch, il affirme en 1974 dans “L’irréversible et la nostalgie” : « L’irréversible n’est pas un caractère du temps parmi d’autres caractères, il *est* la temporalité même du temps. » Que recouvre au juste cette notion d’irréversibilité ? Quelles en sont les conséquences sur l’appréciation que nous pouvons avoir du temps qui passe ?

Peut-être n’est-il pas inutile de rappeler d’abord les grands traits du temps selon Jankélévitch. Pour lui, “le temps n’est pas quelque chose de déterminé” : c’est un “Je-ne-sais-quoi” qui n’est pas rien mais “presque-rien”. En effet, ce temps n’est pas un objet, n’est pas saisissable. On ne peut s’en soustraire probablement parce que l’Homme est constamment dedans et y est connecté de manière immuable. Aussi le temps constituerait-il un “lieu de malentendus”. Jankélévitch écrit à ce sujet dans “Le Je-ne-sais-quoi et le presque-rien” : « On confond le temps avec les compteurs du temps, avec le cadran de l’horloge (…) ; on le confond encore avec les mouvements dans le temps ou avec la vitesse de ces mouvements ; on le confond avec les transformations organiques qui constituent le vieillissement. » Mais nonobstant ces ambiguïtés, Jankélévitch insiste sur une spécificité essentielle des diverses conceptions de la notion de temps : son irréversibilité.

* *

*

Le temps ne fait pas du “sur place” ; il avance constamment. Son écoulement est continu et nul ne peut s’y opposer. Les poètes l’ont suffisamment regretté ; bon nombre d’entre eux ont souhaité qu’il s’arrête pour permettre, par exemple, à une rencontre amoureuse furtive de perdurer. Célèbre, “Le Lac” d’Alphonse de Lamartine en constitue un parfait exemple. Sa sixième strophe, que tout lycéen d’autrefois a apprise au cours de sa scolarité, est claire sur ce point :

« Ô temps ! suspends ton vol, et vous, heures propices !

Suspendez votre cours :

Laissez-nous savourer les rapides délices

Des plus beaux de nos jours ! »

Rappelons brièvement à ce propos que Lamartine a sauvé de la noyade dans le lac du Bourget (Savoie), Julie Charles. À la suite de cet acte, celle-ci – épouse du physicien qui a donné son nom à une loi relative aux gaz parfaits – est devenue son amante. Leur aventure amoureuse a, hélas, été de courte durée en raison de la fragile santé de la bien-aimée qui décèdera près d'un an après leur rencontre. Un peu avant ce triste événement, Lamartine est revenu sur ces lieux. Julie Charles n'a pu alors l'accompagner à cause de sa maladie. C'est dans ces circonstances qu'il écrit "Le Lac" que certains n'hésitent pas à qualifier de « plus belle œuvre de la poésie française » en ajoutant en outre, pour l'un d'eux, que « l'expression de la fuite du temps en rapport avec l'amour, le romantisme, trouve ici sa perfection ! »

Quelques strophes plus loin (dans la neuvième très précisément), Lamartine s'épanche sur l'impossibilité d'inverser le cours du temps ou même seulement de faire durer davantage les bons moments. Il écrit à cet effet :

« L'homme n'a point de port, le temps n'a point de rive ;

Il coule, et nous passons ! »

Aussi, pour contourner cette fâcheuse difficulté, plaide-t-il, à l'image du poète latin Horace, pour le *carpe diem* :

« Aimons donc, aimons donc ! de l'heure fugitive,

Hâtons-nous, jouissons ! »

* *

*

Mais si les tentatives de stopper le temps se sont toujours révélées vaines, celui-ci – ou plus exactement certaines de ses manifestations – peut parfois être l'objet de manipulations. À cet égard, les calendriers – marqueurs en fait du temps qui passe – sont riches d'enseignement. Ainsi en 1582, pour les états sous influence papale, le lendemain du jeudi 4 octobre devient-il le vendredi... 15 octobre. En effet, au cours de cette nuit, bien "particulière", le pape Grégoire XIII décide de mettre en application un nouveau calendrier, celui présenté dans sa bulle "*Inter gravissimas*" du 24 février . Qualifié de grégorien, sa vocation est de remplacer le julien élaboré par Jules César et toujours en usage jusqu'alors. Ce dernier quant à lui consiste en un ajustement du très ancien calendrier romain républicain adopté vers – 450 et qui comporte trois cent cinquante-cinq jours répartis sur douze mois lunaires. Ceux-ci comportent vingt-huit (pour février), vingt-neuf ou trente et un jours. Une de ses faiblesses réside dans un écart de deux tiers de jour par an vis-à-vis des lunaisons. Une autre, plus importante sans doute, tient à un déficit de dix jours par rapport à l'année solaire. Pour faire face à ces défauts les Romains ajoutent un mois tous les deux ans (de vingt-deux ou vingt-trois jours en alternance). Ce calendrier, dans lequel l'année débute en mars, se maintient jusqu'à la fin de la République romaine. Jules César lui substitue un autre schéma en – 45.

Le calendrier julien résulte d'une volonté de correction des défauts du précédent. Il abandonne en particulier la référence lunaire (dans laquelle un mois correspond à une lunaison) au profit du type solaire établi, lui, sur la révolution de la terre autour du soleil. Il repose en outre sur une estimation de l'année astronomique (également appelée année tropique) à trois cent soixante-cinq virgule vingt-cinq jours. Cette évaluation exige un complément d'un jour tous les quatre ans. En fait, la durée de l'année astronomique est un tout petit peu plus courte que celle retenue, ce qui obligera – dans un avenir encore lointain – à envisager une nouvelle rectification. Finalement, Jules César ajoute dix jours au calendrier romain, pour aboutir à trois cent soixante-cinq jours par an, répartis à raison d'un ou deux supplémentaires sur différents mois. Quant au complément d'un quart de jour à apporter, ce problème est résolu en prolongeant d'une journée tous les quatre ans le mois de février. Jules César appelle cette opération "*bisextum*", terme qui, en français, a donné naissance au mot "bissextile", toujours utilisé actuellement. Par ailleurs, l'année débute non plus le premier mars mais le premier janvier, jour de l'élection des deux Consuls de Rome (hommes dotés du pouvoir exécutif).

Le calendrier julien introduit donc une trois cent soixante-sixième journée tous les quatre ans. Mais de savants calculs ont démontré que, ce faisant, il "retarde" par rapport à l'année astronomique. Ce décalage était de près de treize jours lorsque Grégoire XIII a procédé à des modifications aboutissant à un nouveau calendrier, le grégorien. Un des premiers changements porte sur la suppression de 10 jours par passage direct du 4 au 15 octobre 1582. Un autre, également important, consiste en une diminution du nombre d'années séculaires bissextiles ; seules celles qui sont des multiples de quatre cents conservent cette particularité. Par conséquent 1700, 1800 et 1900 ne le sont plus tandis que 1600 et 2000 par exemple le restent. Ce calendrier, comme tout autre d'ailleurs, n'est rien d'autre qu'une modalité d'appréciation du temps qui passe. Mais il s'est imposé avec plus ou moins de rapidité et de facilité dans les différents pays. On considère que depuis 1950 il est adopté presque partout dans le monde. Néanmoins, plusieurs pays – asiatiques en particulier – ont recours à lui mais tout en conservant leur calendrier national.

* *

*

La notion d'irréversibilité du temps est à rapprocher de celle de "flèche du temps". Cette dernière est due à l'astrophysicien et mathématicien anglais Arthur Stanley Eddington qui, par cette expression, désigne la façon unidirectionnelle dont le temps s'écoule. Avant lui, le mathématicien prussien Hermann Minkowski avait développé une géométrie nouvelle dans un espace à quatre dimensions connu sous le nom d' "espace de Minkowski". Selon Eddington celui-ci ne faisait pas de distinction entre le passé, le présent et le futur et surtout ignorait la direction du temps.

La flèche du temps, qui fait donc référence au sens unique emprunté par ce paramètre de l'environnement, demeure une énigme pour la physique ; ses lois sont incapables de l'expliquer. Cependant, une approche thermodynamique permet d'apporter un éclairage, au moins partiel, sur ce point. Elle repose sur la notion d'entropie, grandeur physique, abstraite certes, définie par le physicien prussien Rudolf Clausius en 1865. Elle représente le degré de désordre d'un système à un niveau microscopique : plus l'entropie est élevée, plus le désordre de ses éléments est grand et plus son énergie utilisable est basse. Le premier principe de la thermodynamique – dit de conservation de l'énergie – s'adresse à des systèmes fermés, c'est-à-dire susceptibles de transférer ou de recevoir seulement de l'énergie (et non pas de matière) avec l'extérieur. Il stipule que dans une transformation thermodynamique, les quantités d'énergie échangées doivent être égales. En d'autres termes, l'énergie ne peut être ni créée ni détruite ; elle ne peut que se transformer. Le second principe prend en compte l'entropie. Pour un système isolé, c'est-à-dire qui n'échange ni matière ni énergie avec l'extérieur, l'entropie ne diminue jamais. Elle reste constante ou augmente dans le cas de transformations respectivement réversibles ou irréversibles. Dans le cas d'un système non isolé (fermé), son entropie peut, cette fois, diminuer mais d'une valeur comparable à celle de l'augmentation de l'entropie du milieu extérieur.

* *

*

Compte tenu de ces données, si l'on mesure (ce qui ne présente pas de difficultés techniques), à un moment donné puis un peu plus tard, l'entropie d'un système fermé, une augmentation traduira le fait que le premier état était antérieur au second. Dans ces conditions, on observe que le temps s'écoule toujours dans le même sens. Jamais, il n'a été possible de constater que le temps était en mesure de se dérouler en sens inverse, ce qui corrobore la notion d'irréversibilité du temps. Toutefois, il convient de reconnaître que cette interprétation n'apporte pas de réponses à toutes les interrogations. En effet, les équations de la physique sont symétriques par rapport au temps ; elles concernent des phénomènes qui se déroulent à une échelle microscopique. En revanche au niveau macroscopique, les processus sont plus complexes. Ainsi un mélange parfaitement homogène de café et de lait ne redonnera jamais naissance (du point de vue macroscopique) à du café et du lait totalement séparés malgré la possibilité de réversibilité des actions des particules mises en cause. Par conséquent la science, et la physique en l'occurrence, ne sont pas capables, de nos jours, d'expliquer tous les phénomènes observés.

Ce constat de l'irréversibilité du temps comporte une composante quasi tragique. Puisqu'il n'est pas possible de revenir sur le passé, chaque instant qui passe pourrait bien être le dernier. Quelle est alors la finalité de ce temps qui s'écoule sinon la mort, point final de notre futur ? Or pour l'homme, exister c'est chercher à donner un sens à sa vie en ayant conscience que celle-ci est limitée en raison du temps qui s'écoule inexorablement sans retour possible. La mort lui apparaît donc comme une destinée inéluctable. Cette mort dont il se rapproche sans cesse génère en lui une angoisse existentielle. En d'autres termes, prendre conscience de son existence c'est reconnaître le caractère irréversible du temps qui entraîne nécessairement la mort. L'homme qui donc a conscience de la mort future la craint-il ? Beaucoup redoutent cette issue fatale. Mais certains ne partagent pas l'anxiété qui lui est liée. À cet égard, ils défendent l'idée que l'homme ne connaîtra jamais sa propre mort ; quand elle se manifestera, il ne sera plus capable d'exprimer un jugement à son sujet. Épicure, philosophe grec de l'Antiquité écrivait à ce propos dans “Lettre à Ménécée” : « La mort n'est rien pour nous, tant que nous existons nous-mêmes, la mort n'est pas ; quand elle existe, nous ne sommes plus ». Une telle conception tend à nous convaincre qu'en s'affranchissant de l'appréhension de la mort au cours de son existence, l'homme peut apprécier beaucoup plus la vie. Le philosophe allemand Martin

Heidegger défendait au XXème siècle cette opinion en affirmant qu'il faut, certes, penser à la mort dans la mesure où elle est un point final ; en revanche, il est essentiel que cette réflexion n'empêche pas de vivre pleinement.

Cette notion du temps est donc particulièrement délicate à formaliser et encore, les opinons de nombreux spécialistes de la question n'ont-elles pas été volontairement évoquées ici : elles n'auraient pas forcément permis d'en simplifier la compréhension. Tel est le cas de Hegel qui, dans la "Philosophie de la nature" (Tome II de son "Encyclopédie des sciences philosophiques") présente quelques caractéristiques du temps. Il est à la fois dans la nature et dans l'histoire ; il se manifeste dans des processus naturels et dans la conscience… Le philosophe, historien, sociologue… prussien Karl Marx n'a pas non plus été cité. Très inspiré par Hegel, il a surtout parlé du temps à propos de ses effets sur la condition humaine. Ainsi, au chapitre I du "Capital" analyse-t-il la temporalité de la production mécanisée, une des bases de sa théorie du temps capitaliste. Le physicien Ernst Mach qui a beaucoup travaillé avec des médecins a été amené à conclure que l'inertie des objets matériels résulterait « de l'ensemble des autres masses présentes dans l'univers ». Cette opinion a grandement influencé Einstein qui en a tenu compte dans sa théorie de la relativité et donc dans sa conception du temps. La place de Gaston Louis Pierre Bachelard, philosophe français des sciences, de la poésie, de l'éducation et du temps, n'aurait rien eu d'anormal ici ; il a en effet publié "L'Intuition de l'instant" (1932) et "La Dialectique de la durée" (1936). Quant à Ferdinand Gonseth, philosophe et mathématicien suisse, absent lui aussi de cette synthèse des travaux relatifs à la notion de temps, il aurait, bien entendu, pu y figurer puisqu'il est l'auteur d'un ouvrage intitulé "Le Problème du temps" (1964). Toutefois, dans la mesure où le thème général de ces pages concerne les incidences du temps qui passe sur les êtres vivants, il a semblé qu'un bilan exhaustif de ce sujet ne s'imposait pas. L'idée retenue a donc été de montrer la diversité de significations du concept temps et par suite les difficultés de compréhension qu'elles entraînent. Cela étant, il a bien fallu choisir une sémantique précise pour permettre d'avancer autant que faire se peut dans la clarté. Aussi parler du temps consistera donc à se placer à un instant quelconque puis à un moment ultérieur. Les différences éventuelles observées seront alors imputables au temps qui s'est écoulé. On s'intéressera par exemple aux propriétés physiologiques d'un végétal lorsqu'il aura mis en place deux feuilles (stade antérieur) puis quand il en aura différencié des centaines (stade postérieur).

Les scientifiques et en particulier les biologistes ont conscience que ce temps qui passe imprime sa marque aux êtres vivants, qu'ils soient animaux ou végétaux. Il est vrai que les matériaux constitutifs et périphériques du globe terrestre portent également cette marque du temps. Les côtes maritimes sont peu à peu entamées par le mouvement des mers et des océans. Toutefois, il s'agit là de processus physiques, d'usure ou bien de conséquences de l'activité humaine. Il n'a pas été envisagé de les prendre en considération, ce qui ne signifie absolument pas qu'ils soient négligeables et peu dignes d'intérêt. Ils n'entrent tout simplement pas dans l'esprit de ce qui suit, volontairement limité aux mondes des animaux et des plantes.

EFFETS DU TEMPS QUI PASSE SUR LES ANIMAUX

La notion de temps chez les animaux

D'une façon très générale, il est admis que la notion de temps résulte bien souvent d'un apprentissage. Ainsi apprend-on aux enfants avant *vs* après, hier *vs* demain, matin *vs* soir. On leur inculque la succession des jours et des heures en les nommant ou en les lisant. À l'école on leur fait mémoriser des dates… Mais est-ce de cette manière qu'ils prennent conscience du temps ? Sans doute pas ; on les informe seulement des relations chronologiques de cause à effet. La cause qui précède forcément l'effet se situe en amont, c'est-à-dire avant, tandis que l'effet qui succède à la cause intervient en aval, c'est-à-dire après. Pour le plus grand nombre d'entre eux, le temps apparaît uniquement comme une succession ordonnée d'événements et non une grandeur. Par conséquent, que signifie vraiment "mesurer le temps" ? Que veut dire "être en l'an 2000" ? Il convient de reprendre à ce sujet une confusion dont il a déjà été question précédemment. Lorsque l'on parle de l'an 2000 on ne discute pas du temps mais d'une durée par rapport à un point d'origine, la naissance de Jésus-Christ en l'occurrence. Il en va de même quand on s'intéresse aux années qui, pour chacune d'elles, correspondent, par définition, à une rotation de la terre autour du soleil. Autre exemple tout à fait comparable : un jour fait référence à une rotation de la terre sur elle-même. Par suite, parler du temps revient généralement à parler d'une durée par rapport à des étalons différents. On ne mesure donc pas le temps qui ne peut être considéré comme une véritable grandeur. Dès lors il représente un tout, répondant à une parfaite logique, dans lequel une chronologie de situations ou de faits résulte d'une relation de causalité. À ce titre, il relève, selon Patrick Rouillier, de la "conscience cognitive" définie et développée dans son ouvrage "La Psychologie relativiste – *Une approche nouvelle de la psychologie*" (2018).

* *

*

À cause de sa nature émotionnelle, la notion de temps est particulièrement délicate à appréhender chez les animaux. Rouillier affirme quant à lui – sur printfriendly.com – que « pour un animal le temps existe mais sans le passé et sans le futur. » Une telle opinion implique d'admettre que « l'animal se vit au présent. » Qu'en est-il alors de ses souvenirs ? Et en a-t-il d'abord ? Il semble effectivement qu'il puisse en avoir mais ils n'appartiendraient pas à une suite ordonnée ou à une dépendance cause-effet telle que nous les connaissons nous autres humains. Ils seraient en quelque sorte regroupés et mélangés tous ensemble. Bien qu'un peu complexe, ce point de vue n'est en réalité pas aussi déraisonnable qu'il y paraît *a priori*. Et pour cause ! Lorsque nous, humains, nous repensons à un événement du passé, nous le revivons dans l'instant présent, c'est-à-dire comme l'animal. Mais grâce aux moyens dont nous sommes dotés, il nous est possible de replacer les événements dans une suite logique, ce que les animaux ne seraient pas capables de réaliser. Rouillier traduit cette hypothèse en ces termes : « L'homme est un animal qui structure ses souvenirs, organise sa pensée en définissant des relations logiques de causalité entre eux. »

Toutefois, ne partageant pas totalement les conceptions de Rouillier, certains auteurs se sont posé une question : « Les animaux vivent-ils uniquement dans le moment présent ? » Autrement dit ont-ils conscience du passé, du futur, du temps qui passe en un mot ? Sur le site “evolutioncanine.ca//notion-chien-temps” on peut lire à ce sujet que des « études prouveraient que les animaux ont conscience du temps qui passe, et qu'ils peuvent faire la différence entre 15 minutes ou bien une heure. » Un des arguments avancés en faveur de cette hypothèse concerne la protection de la descendance. Pour diverses raisons, mais en particulier pour aller chercher de la nourriture, les mères sont amenées à quitter l'abri où se trouvent leurs petits qui perdent ainsi toute protection. Plus cette absence se prolonge, plus le danger augmente. Il est donc important, et même primordial, que ces mères ne s'éloignent pas trop longtemps, ce qui signifie qu'elles doivent être en capacité d'évaluer la durée de leur éloignement. Le corollaire de cet axiome est de toute évidence l'aptitude des animaux à apprécier le déroulement du temps.

Bien plus, certaines espèces auraient la faculté de se projeter dans le futur. Tel est le cas par exemple de la tayra ou martre à tête grise (*Eira barbara*), présente sur tout le continent américain. Selon divers auteurs elle serait capable de récupérer de la nourriture immature et donc non immédiatement consommable, de la cacher et d'attendre qu'elle devienne apte à la dégustation. Il en va un peu de même avec plusieurs espèces d'oiseaux qui font des réserves de fruits secs et de graines qui seront utilisées uniquement après la saison des produits frais. Là encore, la notion de perception du futur semble être tout à fait réelle. Les chiens qui cachent des os ne le font-ils pas eux aussi pour les récupérer et les consommer plus tard ?

* *

*

Par ailleurs, des chiens isolés de leur maître pendant des durées plus ou moins longues n'ont apparemment pas de réactions identiques en retrouvant celui-ci : la fréquence cardiaque s'élève lorsque la durée augmente. Le chien serait donc apte à évaluer les durées d'absence de son maître sans, pour autant, être à même de les quantifier comme nous le faisons. Si ce n'est pas là un signe incontestable de l'existence d'une sensibilité au temps qui passe, c'est pour le moins une donnée à prendre en considération. Enfin, dans un article publié le 25 octobre 2018 sur le site quebecscience.qc.ca la journaliste scientifique Annie Labrecque rapporte les conclusions du professeur Daniel Dombeck de la *Northwestern university* à propos d'une série d'expériences menées sur la souris. Elles aboutissent à démontrer « de façon convaincante que les animaux ont une représentation mentale du temps. » Une zone de leur cerveau serait associée à une forme de mémoire et pourrait aussi intervenir dans une sorte de "codage du temps". Cette interprétation repose surtout sur la mise en évidence, dans ladite zone, de neurones qui, chez le chien, entrent en activité lorsque celui-ci est en attente.

Il convient d'ajouter que, principalement chez le chien, l'odorat est on ne peut plus développé. Ses perceptions olfactives participent à sa mémorisation : des molécules odorantes constituent, pour lui, des marqueurs d'événements ou de lieux. Il est alors capable de retrouver ces derniers lorsque des échantillons de ces émanations lui sont soumis.

Chez les animaux, la conscience du temps qui s'écoule demeure donc encore à l'état d'hypothèse. Il n'en demeure pas moins que, peu à peu, des acquis indiscutables confortent cette idée. Des gènes particuliers ont pu être identifiés ; “clock” notamment interviendrait dans le comportement journalier de la drosophile ou de la souris. Des mutations de ceux-ci modifieraient les périodes d’activités chez ces espèces. Cela étant, il faut bien admettre que l’animal, et le chien principalement, a bien une relative notion du temps qui toutefois n’est assurément pas identique à la nôtre. De ce fait, il est incapable d’établir une relation de type cause à effet entre l’attitude de son maître et une action effectuée précédemment. Il ne comprend donc pas les remontrances colériques exprimées à la suite d’une de ses mauvaises actions. Aussi, dans ces conditions, est-il inutile de le réprimander. L’unique résultat d’une telle manifestation de réprobation serait de générer ou d’amplifier un trouble du comportement.

Même s’ils n’en ont pas toujours et vraiment conscience, les animaux – comme tous les êtres vivants ou presque – naissent, grandissent, se développent, se reproduisent et meurent. Ces étapes de leur vie se succèdent, sauf cas particuliers, de manière ordonnée au cours du temps grâce à un programme génétique. L’affirmer, c’est se placer dans la conception linéaire du temps des physiciens et des astronomes évoquant “la flèche du temps” ou “l’écoulement du temps”. Mais il convient toutefois de ne pas faire abstraction d’une autre notion : celle du temps cyclique qui fait l’objet de la chronobiologie.

La chronobiologie chez les animaux

D'une façon générale, la chronobiologie est considérée comme la science du comportement temporel des êtres vivants. À ce titre elle étudie les variations périodiques de leurs fonctions physiologiques et les caractéristiques biochimiques qui leur sont associées. Ces changements réguliers constituent ce qu'il est de coutume d'appeler les rythmes biologiques des organismes. En dehors de leur mise en évidence, la chronobiologie s'intéresse également à leurs mécanismes de régulation – mais aussi de dégradation. Chez les animaux ils interviennent dans des processus fondamentaux : fonctionnement cardiaque, mouvements respiratoires, battements de paupières, états alternés de veille et de sommeil, cycle ovarien… On en distingue trois types. Le cycle circadien d'une durée de 24 heures qui correspond à la rotation de la terre sur elle-même. L'ultradien, beaucoup plus court, illustré par les pulsations cardiaques et l'infradien, beaucoup plus long, représenté par le cycle menstruel féminin. Mais il faut avoir présent à l'esprit que ces cycles ne sont pas toujours indépendants. Ils peuvent en effet agir en cascade. Tel est le cas par exemple chez les mammifères de la production d'hormones (mélatonine, cortisol…) qui intervient dans l'alternance veille-sommeil, dans la reproduction et dans bien d'autres aspects de la physiologie.

Il semble que la notion de rythme biologique soit d'abord apparue dans le monde végétal dans la première moitié du XVIIIème siècle. En 1729 plus précisément, le mathématicien-géophysicien français Jean-Jacques

Dortous de Mairan (souvent appelé de manière plus simple Mairan) observe les mouvements des feuilles de la sensitive (*Mimosa pudica*) ; ouvertes le jour, elles se replient la nuit. Cependant, dans l'obscurité totale, ouverture puis repli des feuilles se renouvellent. Ces résultats démontrent que la lumière n'est donc pas responsable de ces mouvements journaliers répétitifs . En revanche, un facteur endogène intervient à cet effet. À cette époque, Mairan conclut : « la sensitive sent le Soleil sans le voir en aucune manière ». Quelques années plus tard, le naturaliste suédois Carl von Linné met en application ce type de propriété qui se manifeste au niveau des fleurs de certaines espèces. Chez de nombreuses plantes, les fleurs s'ouvrent et se referment presque à des heures fixes (pour un endroit donné). Il suffit alors de sélectionner des végétaux en fonction de ce critère, de les regrouper et de les regarder pour connaître l'heure. Ainsi celles de l'endive (*Cichorium intybus*), du pissenlit (*Taraxacum officinale*) et de la laitue (*Lactuca sativa*) par exemple s'ouvrent respectivement aux alentours de 14 heures, vers 5 heures et aux environs de 7 heures puis se referment autour de 17 heures, entre 8 et 9 heures et vers 10 heures… Par conséquent si l'on constate que des fleurs d'endive et de pissenlit sont ouvertes tandis que celles de laitue ne le sont pas, on peut estimer qu'il est à peu près 6 heures. En 1751, dans son ouvrage "*Philosophia Botanica*", Linné propose l'idée d'une horloge florale composée sur ce principe. S'il ne l'a pas réalisée lui-même, moult jardiniers ont tenté de le faire, surtout au début du XIXème siècle. Leurs succès ont été, pour le moins, très limités : la météo, la latitude, l'altitude… influençant le processus. La précision de ladite horloge est de ce fait plus qu'aléatoire, mais l'idée est séduisante.

À la suite de ces premiers travaux sur les plantes, un pharmacien français, Julien-Joseph Virey présente et soutient une thèse de médecine en 1814 (le 23 avril) intitulée : “Éphémérides de la vie humaine, ou Recherches sur la révolution journalière, et la périodicité de ses phénomènes dans la santé et les maladies”. Il y interprète les causes des mouvements périodiques par l’existence hypothétique d’ « un système de rouages engrenés l’un dans l’autre, une sorte d’horloge *vivante*, montée par la nature, entraînée par le mouvement rapide du soleil et de notre planète » (page 33). Il en conclut en particulier (page 35) que « tout médicament (…) n’est pas (…) indiqué à toute heure. » Il subodore là, avant l’heure, la chronopharmacologie. Il faut attendre le tout début du XXème siècle pour que l’entomologiste et psychiatre suisse Auguste-Henri Forel revienne sur cette idée d’un mécanisme endogène responsable des activités rythmiques. Un jour, tandis qu’il prend son petit déjeuner sur sa terrasse, il constate que la confiture attire des abeilles. Dès le lendemain et les jours suivants, et toujours à la même heure, attirés par les douceurs de la table, ces insectes reviennent en nombre sans cesse croissant. Mais un jour de mauvais temps, prenant ce repas matinal à l’intérieur fenêtres fermées, les abeilles arrivent comme à l’habitude. Cette donnée démontre d’abord que ce n’est pas la confiture qui les appâte. Ensuite, on peut imaginer que ces animaux ont de la mémoire et que, revenant sur place sans relâche au même moment, ils sont capables de se repérer dans le temps. Forel met ainsi en évidence pour la première fois dans l’histoire l’existence d’une véritable “horloge interne” chez des animaux. Les travaux en ce domaine se poursuivent et prouvent que cette dernière régule le rythme circadien à la manière d’un métronome ou d’un chef d'orchestre. Dans les années 1950, Jürgen Aschoff et Erwin Bünning – deux biologistes allemands – ainsi que Colin Stephenson Pittendrigh également biologiste, mais britannique lui, étudient en détail les horloges circadiennes des oiseaux et des souris. Pour cette raison, ils sont considérés comme les pionniers de la chronobiologie. Par ailleurs, le biologiste roumain Franz Halberg de l'université du Minnesota (USA) reprend les conclusions de Virey à propos de l'influence du moment d'administration des médicaments ; il les approfondit et les justifie pleinement. En outre, il invente le qualificatif "circadien" en 1959. Eu égard à tous ses apports et à ses conceptions, il est reconnu comme le fondateur de la chronobiologie américaine. Enfin, au début des années 1970, le premier "gène de l'horloge" nommé *per* (diminutif de *period*) est mis en évidence. À cette époque une équipe américaine montre que, chez la drosophile, des mutations d'un gène particulier modifient les rythmes biologiques (ou *period*). Les mutants peuvent par exemple être insomniaques ou bien présenter, chez les mâles, un "chant nuptial" dénué de sa périodicité habituelle de 60 secondes.

Puis, des résultats comparables sont obtenus un peu plus tard concernant l'espèce humaine ; des expériences effectuées "hors du temps" les confirment. Le géologue-spéléologue français Michel Siffre en a été le principal maître d'œuvre. En juillet 1962 tout d'abord, il s'isole seul dans le gouffre de Scarasson en Italie à une centaine de mètres sous terre, sans montre. Une ligne téléphonique le relie néanmoins constamment à une équipe en surface. Il lui fait connaître à chaque fois le moment de son couchage, de son réveil, de ses repas… Dans une interview rapportée sur le site france3-regions.francetvinfo.fr/provence-alpes-coted-azur, par la journaliste Margaux Delaunay, il indique : « Mes horaires étaient notés afin de déterminer mes rythmes, mais sans recevoir en retour des informations sur l'heure ou le jour. » Le 14 septembre, à la fin du processus de l'expérience, épuisé, il pensait être le 20 août. En fait, et en particulier au terme de son isolement, il prenait son petit déjeuner vers 19 heures et se couchait en fin de matinée : ses cycles s'étaient décalés chaque jour de 30 minutes environ. Mais ces résultats prouvent « que l'être humain possède une “horloge interne” qui rythme les journées sur un cycle proche de 24 heures, sans dépendre du jour et de la nuit » comme l'écrit Margaux Delaunay. Dix ans plus tard, en 1972 donc, Siffre renouvelle l'expérience. Intéressée par ses recherches, la Nasa lui finance une nouvelle “expédition hors du temps” qui l'amène à séjourner seul pendant près de sept mois (205 jours très précisément cette fois) dans la *Midnight Cave* au Texas. Le spéléologue voulait savoir si l'augmentation de la durée de l'épreuve pouvait avoir des répercussions sur le rythme circadien. Il constate en effet que 36 heures d'activités en moyenne suivies de 12 heures de sommeil devenaient les nouvelles caractéristiques d'un cycle interne de journées de… 48 heures, ce qui a été confirmé par la suite. Désormais l'existence d'une horloge interne chez les animaux et chez les humains (surtout) n'est plus discutée. Les diverses fonctions humaines relèvent bien de son contrôle circadien qu'il convient, sans doute, de préciser quelque peu.

* *

*

Les fonctions de l'organisme humain sont soumises au rythme circadien, cycle de 24 heures. Des dérèglements de celui-ci peuvent engendrer des troubles métaboliques, cardiovasculaires, immunitaires, du sommeil… Les recherches – relativement récentes – sur ces points ont permis de dévoiler de nombreux mécanismes de régulation des horloges internes et de mieux maîtriser ainsi les effets de leurs perturbations sur la santé. Les résultats de ces travaux ont été jugés si importants qu'ils ont valu à certains de leurs auteurs, les Américains Michael W. Young, Jeffrey C. Hall et Michael Rosbash, le prix Nobel de médecine en 2017.

Chez l'homme, l'horloge interne est localisée dans l'hypothalamus lequel est situé à la face ventrale de l'encéphale. Elle est constituée de deux noyaux (qualifiés de suprachiasmatiques) renfermant chacun une dizaine de milliers de neurones. Ces structures agissent sur des régions cérébrales spécialisées dans la régulation de fonctions (température corporelle, épaisseur et couleur des phanères, activité rénale…) ou dans la production d'hormones qui interviendront ensuite à distance sur d'autres processus physiologiques. Si l'horloge interne (ou horloge biologique) assume un rôle central dans le fonctionnement de l'organisme, elle “délègue” ses consignes à des relais (ou horloges locales) connectés à chaque organe impliqué dans une activité ou une tâche. Ces derniers ont la possibilité de s'adapter aux conditions environnementales. Ainsi, dans des organes ou des tissus, les gènes peuvent s'exprimer avec de grandes différences. Certains auteurs affirment que « moins de 1% des gènes dont l'expression est rythmique dans un tissu le sont également dans les autres tissus, confirmant le rôle majeur des horloges périphériques et leur spécificité. »

Les expériences menées notamment par Siffre ont démontré que le rythme n'est pas exactement de 24 heures. Par conséquent, si l'horloge interne intervenait seule dans le contrôle du rythme biologique, la vie de l'homme serait décalée de jour en jour. Il finirait par dormir à n'importe quelle heure de la journée, ce qui déboucherait sur un comportement inadapté aux normes sociales. En fait, cette horloge interne est "remise à l'heure" (on dit "resynchronisée") tous les jours par des agents extérieurs tels que la lumière, la température ou encore l'activité physique.

La mélatonine par exemple est une hormone dont la production est régulée par l'horloge interne qui est, malgré tout, sensible à la lumière. Sa concentration augmente en fin de journée, ce qui induit l'endormissement. Elle diminue dans la seconde partie de la nuit entre 2 et 4 heures et devient quasiment nulle au petit matin, ce qui entraîne le réveil. L'apport de lumière extérieure le soir retarde l'horloge, donc la libération de mélatonine et de l'endormissement par conséquent.

En fait, la lumière est captée par des cellules particulières de la rétine : les cellules ganglionnaires à mélanopsine, sensibles aux radiations bleues. Elles sont connectées aux noyaux suprachiasmatiques par des voies nerveuses indépendantes de celles de la vision. Lorsque ces cellules sont frappées par un signal lumineux, elles le transmettent à l'horloge interne, qui se cale sur 24 heures. Mais l'efficacité de la perception de la lumière diffère en fonction du moment de la journée. Très tôt (entre 5 heures et 17 heures) la lumière avance l'horloge, plus tard (entre 17 heures et 5 heures) elle la retarde. De plus, une intensité lumineuse, même très faible (quelques dizaines de lux), suffit pour agir sur l'horloge. Il semble par ailleurs que les autres cellules rétiniennes, à savoir les cônes et les bâtonnets, interviendraient également dans la régulation de l'horloge circadienne. Les modalités de cette implication ne sont toutefois pas encore établies.

Le rythme circadien est bien un processus endogène résultant de l'activité de gènes. Les "gènes horloge" (ou "gènes de l'horloge") conditionnent le fonctionnement de l'horloge interne et ceux des horloges périphériques l'ajustent localement. La première identification d'un gène intervenant dans le rythme circadien (gène *period* ou *per*) l'a été chez la drosophile comme cela a été évoqué précédemment. Son produit, l'ARN *per*, varie de manière cyclique avec une période de 24 heures. De plus, en l'empêchant de fonctionner, le rythme circadien disparaît et en le mutant la période du cycle est modifiée. Ce gène code pour une protéine (PER) qui l'inhibe ensuite. En d'autres termes, lorsque *per* fonctionne, la quantité d'ARN *per* augmente et aboutit à la synthèse de PER, laquelle bloque *per*. La teneur en ARN messager (ARNm *per*) diminue alors et, par voie de conséquence, celle de PER également. Cette dernière n'est plus en mesure de s'opposer à l'activité de *per* qui peut donc reprendre. Ces résultats démontrent donc l'implication indiscutable de *per* dans l'horloge biologique.

Un autre gène, *timeless* ou *tim*, participant à l'horloge a aussi été isolé chez la drosophile. Là encore, chez des mutants de celui-ci, l'expression rythmique de l'ARN *per* est supprimée. En outre, en l'absence de la protéine PER, les oscillations de l'ARN *tim* disparaissent. Il en va de même pour TIM et l'ARN per. Par conséquent, il apparaît clairement que *via* leurs produits PER et TIM, les gènes *per* et *tim* sont indispensables et complémentaires pour que l'horloge biologique fonctionne convenablement. Dans un article publié dans médecine/sciences (1996, 12, 798-801) Jean-Louis Couderc, directeur de recherche à l'Inserm de Clermont-Ferrand, (médecine/sciences, 1996, 12, 798-801) indique que « la protéine PER (...) assure le maintien du fonctionnement de l'horloge » et que « la protéine TIM est une clé essentielle pour la mise à l'heure de l'horloge. »

Considérée dans le passé comme une vue de l'esprit, un mythe... la notion d'horloge interne correspond bien désormais à une réalité. Les nombreux travaux effectués au cours des vingt dernières années ont permis de prouver son existence et de connaître, en grande partie, les modalités de ses activités mais aussi de ses dérèglements.

* *

*

Les troubles du sommeil ressentis par des patients amenés à consulter ont orienté vers la recherche de facteurs susceptibles de perturber le fonctionnement de l'horloge interne. Ainsi il a été constaté que des personnes qui s'endorment très tôt, vers 20 heures par exemple, se réveillent également de très bonne heure, vers 4 heures notamment. Bien qu'il puisse s'observer à tous les âges, ce phénomène est surtout fréquent chez les sujets âgés. À l'inverse, à un endormissement tardif (milieu de nuit) succède un réveil au milieu, voire en fin, de la matinée, ce qui est souvent le cas chez les adolescents et les jeunes adultes. Lorsque ces personnes tentent de se conformer à des horaires plus classiques, elles éprouvent très fréquemment de graves difficultés. Pire, leurs échecs s'accompagnent de façon assez habituelle de nouvelles perturbations : métaboliques, cardiovasculaires, comportementales... Par ailleurs, les aveugles ont une tendance naturelle à se coucher chaque jour un peu plus tard, ce qui aboutit à un décalage de leur sommeil ; celui-ci, de piètre qualité la plupart du temps, s'améliore seulement quelques jours par mois, lesquels se répètent de manière cyclique. À ces perturbations du sommeil sont souvent associées des anomalies physiologiques, ce qui a permis de montrer la responsabilité de divers facteurs dans le dérèglement de l'horloge interne.

Il a tout d'abord été prouvé que les troubles circadiens avaient, au moins dans certains cas, une origine génétique. En effet dans des familles, il n'est pas rare de constater que divers membres s'endorment et se réveillent toujours très tôt (ou bien très tard). Chez elles, des mutations des "gènes horloges" ont été mises en évidence. Mais en dehors de cette cause héréditaire, des pathologies se sont aussi révélées susceptibles d'entraîner des anomalies de fonctionnement de l'horloge interne. Tel est le cas des dépressions et de certaines formes de cancer.

De même, des sensibilités particulières à des facteurs externes, comme la lumière par exemple, et la lumière bleue plus précisément, peuvent générer ce décalage. Or, de nos jours cette lumière bleue est très présente : écrans LED des ordinateurs, des téléviseurs, des téléphones mobiles... Elle stimule presque 100 fois plus les récepteurs photosensibles de la rétine qu'une lampe fluorescente d'intensité comparable. Cette forte exposition à la lumière est aussitôt transmise aux noyaux suprachiasmatiques, ce qui se traduit par un maintien en éveil. Par conséquent, lorsque ces écrans sont regardés le soir, la somnolence de fin de journée, et par suite l'endormissement, sont retardés. De ce fait, si le réveil ultérieur ne peut pas être lui aussi retardé, la durée du sommeil se trouve réduite. À ce sujet, Claude Gronfier chronobiologiste et neurobiologiste de l'Institut national de la santé et de la recherche médicale (Inserm) de Lyon écrit le 1er octobre 2018 sur le site inserm.fr : « Des études attestent de l'impact négatif de l'utilisation importante de ces écrans le soir sur le sommeil des enfants et des adolescents : une utilisation intensive est en moyenne associée à une heure trente de sommeil en moins (…) avec un risque accru de troubles de l'humeur et d'échec scolaire. » L'auteur souligne en outre « une augmentation du risque de troubles métaboliques (risque accru de surpoids, d'obésité et de diabète) corrélée avec la durée passée sur les écrans. » Il précise que « ce risque est (…) associé aux perturbations du rythme circadien et non pas uniquement à la sédentarité. » En abondance sur les écrans, la lumière bleue l'est tout autant dans l'éclairage urbain. Par souci d'économies, les villes ont remplacé les ampoules traditionnelles par des LED. Or, ces dernières émettent beaucoup de lumière bleue. Diverses observations tendent à montrer qu'il pourrait y avoir une relation entre cette nouvelle modalité d'éclairage urbain nocturne et des troubles du sommeil et même le développement de certains cancers, celui du sein en particulier. Cependant ces hypothèses ne semblent pas encore confirmées de manière indiscutable pour le moment.

Des irrégularités – volontaires ou non – de sommeil peuvent également générer un décalage de l'horloge biologique. Les adolescents et les jeunes adultes habitués à se coucher tard – et parfois même très tard – et obligés de se lever à une heure "décente", affrontent bien souvent les désagréables répercussions des dérèglements de leur horloge interne. Mais ce sont surtout les "travailleurs postés", c'est-à-dire ceux qui travaillent "en équipes" (par obligation et non par choix la plupart du temps) qui, à cet égard, paient le plus lourd tribut. Rappelons à ce propos que ces personnes occupent le même poste pendant 8 heures (en général) au cours de trois périodes (matin, après-midi et nuit) qui se succèdent chaque semaine ou chaque quinzaine. Un tel rythme est terriblement pénible en ce sens qu'il est nécessaire de s'adapter sans cesse à de nouvelles conditions ; lorsque l'on commence à s'habituer à ces conditions, de nouvelles sont imposées. Il est donc quasiment impossible de connaître une quelconque tranquillité de vie. Dans ce mode d'organisation du travail, c'est la phase nocturne qui est la plus nocive. Elle perturbe grandement l'horloge biologique par ses changements d'apports lumineux et par le manque de sommeil qu'elle impose. De nombreux travaux ont été conduits pour rechercher les liens éventuels qui pourraient exister entre ce séquençage du travail et les risques potentiels sur la santé. Un résultat semble désormais indiscutable : le risque de cancer du sein augmente d'environ 25 % pour des femmes âgées de 20 à 50 ans qui travaillent entre minuit et 5 heures (site inserm.fr). Aussi, le Centre international de recherche sur le cancer (Circ) a-t-il inscrit, en 2007, le travail posté sur la liste des facteurs "probablement cancérogènes". Quant à l'Anses, l'Agence nationale de sécurité sanitaire de l'alimentation, de l'environnement et du travail, elle affirme en 2016 (anses.fr) que “le travail de nuit est un facteur de risque probable de cancer en général”. Elle ajoute que de façon avérée, ou très probable, des troubles du sommeil, des altérations cognitives, des hypertensions artérielles, des accidents vasculaires cérébraux (AVC), des obésités… apparaissent ou peuvent apparaître comme des conséquences du travail de nuit. Il convient donc de limiter autant que faire se peut le travail de nuit à des situations où il est impossible de s’en passer (monde hospitalier par exemple).

Bien d’autres paramètres interviennent dans la stabilisation, ou au contraire le dérèglement, de l’horloge interne. Tel est le cas par exemple du rythme des repas. Manger, même peu, tout au long de la journée a un effet négatif sur les horloges périphériques régulant le métabolisme. De plus, l’heure du dernier repas avant le coucher semble jouer un rôle important dans l’apparition de certains cancers. Dîner dans l’heure qui précède le coucher augmenterait le risque de cancer du sein ou de la prostate par rapport à un repas effectué plusieurs heures avant. L’âge influence également de manière négative l’horloge biologique humaine ; au fil des années certaines horloges paraissent se désaccorder, ce qui entraîne des bouleversements dans la production de divers métabolites : celle de la mélatonine, l’hormone de l’endormissement, diminue notamment. Et comme ce composé est par ailleurs impliqué dans d’autres processus physiologiques, tout un équilibre est ainsi perturbé.

Longtemps méconnue, la chronobiologie s’est rapidement développée au cours de ces dernières décennies. Elle a permis de comprendre des phénomènes jusque-là inexpliqués ou mal expliqués. Ainsi le lien apparent entre l'usage excessif d'un ordinateur ou d'un téléphone portable et une dépression demeurait sans interprétation jusqu'à ce que la conception d'une horloge interne déréglée apporte la solution. De plus, une fois maîtrisée, cette notion a contribué à mieux soigner des patients en proposant "le bon médicament au bon moment". Ainsi est née une nouvelle discipline : la chronopharmacologie. Virey y avait déjà fait allusion dans sa thèse de médecine soutenue en 1814 (comme cela a été dit préalablement) mais il a fallu attendre le XXème siècle pour la mettre en œuvre à partir de considérations scientifiques.

* *

*

Les organes d'un animal ne fonctionnent pas de façon uniforme au cours d'une journée en raison des fluctuations circadiennes auxquelles ils sont soumis. Ainsi, le rythme des divisions cellulaires est-il couplé à celui de l'horloge interne. Toutes les activités physiologiques journalières irrégulières influencent la sensibilité à divers médicaments. Aussi, des travaux ont-ils été réalisés afin de déterminer les moments les plus favorables pour administrer ces composés.

En date du 1er octobre 2018, le site inserm.fr publie un dossier intitulé "Chronobiologie. Les 24 heures chrono de l'organisme" et réalisé sous la direction de Gronfier de l'Inserm (déjà cité précédemment). Il y est fait référence à des travaux menés à l'hôpital Paul Brousse (AP-HP Villejuif) par le docteur Francis Lévi. Celui-ci s'intéresse à l'utilisation d'un anticancéreux, le 5-fluorouracile (ou 5-FU) dans le traitement des cancers digestifs. Il constate qu'il "s'avère plus efficace et 5 fois moins toxique lorsqu'il est perfusé la nuit autour de 4 heures du matin, plutôt qu'à 4 h de l'après-midi."

Les anticancéreux ne sont pas les seuls à donner lieu à des recherches sur le meilleur moment de la journée pour appliquer un traitement. Pour être plus efficace et moins toxique, la prise de cortisone par exemple doit respecter certaines règles. Rappelons à ce propos que "cortisone" est un terme générique qui désigne différentes substances aux actions comparables à celles du cortisol, hormone naturelle produite par les glandes surrénales. Cette dernière est libérée dans le sang au petit matin, vers 7 heures et un pic de sa concentration apparaît aux environs de 8 heures. Prise le matin, la cortisone se comporte alors, dans ses effets, comme le cortisol naturel. Prise le soir, elle pourrait indiquer, à tort, au cerveau qu'on se trouve en début de journée et entraver de ce fait le sommeil.

En dehors des corticostéroïdes (appelés également corticoïdes), composés chimiques de la famille du cortisol et de la cortisone, l'absorption matinale de certains autres médicaments se révèle nettement préférable parce que c'est le moment où les symptômes les plus importants se manifestent. Appartiennent à cette catégorie les anti-inflammatoires non stéroïdiens (ou AINS) tels que l'aspirine ou l'ibuprofène ainsi que le méthotrexate, un antagoniste de l'acide folique préconisé dans certaines maladies auto-immunes.

En revanche l'utilisation des bronchodilatateurs doit plutôt être effectuée le soir. Pendant le sommeil, les voies respiratoires se rétrécissent (phénomène appelé bronchoconstriction), ce qui engendre des difficultés de ventilation. Il est donc logique de suggérer à des personnes atteintes d'insuffisances respiratoires et aux asthmatiques en particulier, de se soigner le soir.

La consommation d'antihypertenseurs semble également plus judicieuse le soir. La pression artérielle augmente au réveil comme le cortisol. Or celui-ci est un excitant cardiaque. En prenant les antihypertenseurs le soir, ils agissent encore très convenablement le matin et, ce faisant, s'opposent à une élévation de la pression sanguine.

Les statines qui font baisser la cholestérolémie (concentration de cholestérol dans le sang) sont, elles aussi, mieux adaptées à une utilisation avant le coucher, dans la mesure où le foie produit le plus de cholestérol dans la seconde partie de la nuit. Cette remarque vaut surtout pour les statines à courte durée d'action (4 à 6 heures) comme la simvastatine par exemple. Avec celles qui sont efficaces très longtemps (20 à 30 heures) telles que l'atorvastatine, ce problème ne se pose plus, bien entendu.

Par ailleurs, il semble qu'il puisse aussi exister un meilleur moment pour se faire vacciner. En effet, notre système immunitaire fonctionne davantage dans la journée. Cela est heureux parce que les rencontres sociales sont alors les plus nombreuses et les contaminations par des agents infectieux les plus favorisées. La pandémie de la Covid des années 2020 et suivantes l'a parfaitement démontré. Dans un article daté du 10 juillet 2022, le site bbc.com/afrique rapporte une information à ce sujet. Il est fait allusion à une étude menée en 2016 à propos du vaccin antigrippe. Des personnes sont vaccinées le matin, d'autres l'après-midi. Les résultats sont les suivants : « Les personnes vaccinées le matin présentaient une réponse en anticorps trois fois plus importante que celles vaccinées l'après-midi lorsque le système immunitaire commence à ralentir. »

Le temps qui passe a donc des retentissements sur la physiologie des animaux, en particulier des humains. Bien que souvent difficiles à mettre en évidence ou à interpréter, ils sont, la plupart du temps, liés à l'horloge interne. À côté de cela d'autres manifestations ne sont que l'expression de la sénescence cellulaire.

La sénescence cellulaire

Comme cela a déjà été souligné, le mot “temps” n’a pas la même signification pour un physicien, un philosophe, un biologiste… Pour les biologistes, au-delà de cette hétérogénéité, les termes de “vieillissement” et de “sénescence” ne sont pas toujours considérés de façon identique. Les “animalistes” (spécialistes des animaux) en font souvent des synonymes et les utilisent, la plupart du temps à tour de rôle pour parler du processus qui aboutit à la mort. Parfois, mais assez rarement, une distinction est faite entre ces deux substantifs. En revanche, d’une manière générale, pour les “végétalistes” (spécialistes des végétaux) ils ne sont pas équivalents. Ce distinguo sera développé ultérieurement lorsque les effets du temps qui passe sur les végétaux seront abordés. En ce qui concerne ces pages consacrées aux animaux, la conception la plus fréquente de leurs spécialistes sera suivie.

Chez les animaux et chez l’espèce humaine en particulier, le temps ne se déroule pas uniformément. Le temps chronologique – que certains qualifient d’objectif –, celui du sablier, ne coïncide pas avec le temps biologique – caractérisé par les changements corporels se manifestant au cours du vieillissement. D’aucuns utilisent l’adjectif “subjectif” pour parler de ce dernier dans la mesure où il semble s’accélérer avec l’âge. Quoi qu’il en soit, au fil du temps les fonctions des individus s’affaiblissent plus ou moins vite selon les êtres et suivant les organes. À ce tableau du déclin biologique inexorable, il convient d’ajouter la modification des rythmes au cours de cette phase.

Tandis que le caractère inéluctable de la mort est connu depuis l'apparition des espèces vivantes, l'étude du vieillissement est assez récente. Il semble qu'elle n'ait guère retenu l'attention avant la seconde moitié du XIXème siècle. On savait jusqu'alors que l'avancée dans l'âge s'accompagnait d'une myriade de pathologies responsables d'un dépérissement progressif des organismes dont l'issue inévitable était la mort. On sait aujourd'hui que la durée maximale de vie des espèces animales est déterminée par leur génome. Le fait de posséder des gènes qui maintiennent une cholestérolémie élevée risque d'écourter la vie. *A contrario*, la présence de gènes protecteurs des coronaropathies présage d'une longue vie. Cette durée maximale varie énormément d'une espèce à une autre. Dans "Le Temps et sa flèche" de Michel Spiro, Ladislas Robert (Directeur du laboratoire de Biochimie du Tissu Conjonctif à la faculté de médecine de Créteil) indique qu'elle varie « de 10 minutes pour certains procaryotes à 150 ans pour la tortue des Galapagos. (…) Pour l'homme, la longévité maximale se situe aux environs de 100-120 ans. » Elle n'a guère évolué selon les registres d'état civil. Avec sa disparition en 1997 à l'âge de 122 ans, Jeanne Calment est la personne au monde dont la durée de vie constatée a été la plus longue. Peut-être qu'ici ou là, dans des pays où l'état civil est tenu de façon approximative, un homme ou une femme a-t-il vécu un peu plus longtemps mais une telle probabilité est vraiment très faible.

L'espérance moyenne de vie résulte, quant à elle, d'une interaction entre les génomes et l'environnement. Contrairement à la durée maximale, elle a beaucoup augmenté au cours de l'histoire. L'Institut national d'études démographiques (Ined) en a publié les variations de 1740 à

2020. Il indique que vers 1750 elle atteint à peine 25 ans ; à cette époque, la moitié des enfants meurent avant l'âge de 10 ans. À la fin du XVIIIème siècle elle est de l'ordre de 30 ans. Puis en 1810, grâce surtout à la vaccination contre la variole, elle monte à 37 ans mais en raison des guerres napoléoniennes et de celle de 1870 elle retombe sous les 30 ans, pour ensuite passer à 40 ans au tout début du XXème siècle. Et puis, là encore, les deux guerres mondiales entraînent une nouvelle diminution avant que les progrès de la médecine (traitement notamment des maladies cardio-vasculaires et des cancers) ne conduisent à une nouvelle et importante augmentation. Ainsi, en 2020 en France, l'espérance de vie est-elle de 85,2 ans pour les femmes et de 79,2 ans pour les hommes.

À côté de la longévité maximale et de l'espérance moyenne de vie, une troisième notion intervient dans le concept de temps biologique (humain) : le déclin des fonctions physiologiques. Toutes, peu à peu, à des vitesses différentes, perdent de l'efficacité. Les actions d'un organe reflètent en effet la vitalité de ses cellules constitutives. Or en vieillissant celles-ci deviennent toutes moins performantes. De plus, dans certains organes des cellules meurent et ne sont pas remplacées. Dans cette situation, le fonctionnement sera forcément moindre. Quelques exemples – non exhaustifs – l'illustrent et le prouvent aisément. Ils ont été inspirés par une liste fort complète présentée dans un article de Richard Gabriel Stefanacci (*Thomas Jefferson University*, Philadelphie, Pennsylvanie) publié en décembre 2022 sur msdmanuals.com.

La vue s'altère en moyenne autour de 40-45 ans. Le cristallin a entamé un durcissement ; la presbytie s'installe. L'observation des petits objets proches ou des caractères d'écriture se révèle difficile ; l'aide de verres correcteurs s'impose alors. Ce constituant de l'œil se densifie ; la vision dans un environnement de faible éclairage se montre désormais laborieuse. En outre il jaunit et le discernement des couleurs en est modifié. Les feux tricolores n'apparaissent plus en vert ou en rouge mais plutôt en bleu et en orange ; l'opération de la cataracte élimine en général très bien cette gêne handicapante.

L'audition se dégrade elle aussi avec l'âge. Sur ce point, il convient d'être très prudent à propos des diagnostics exprimés. L'exposition à des bruits puissants au cours de la vie détériore l'aptitude à entendre tout comme la vieillesse. Il est donc important de savoir si une perte auditive résulte de l'une ou de l'autre de ces causes. Les spécialistes ORL ont les moyens de trancher. L'inconvénient majeur des déficiences de l'ouïe liées à l'âge se manifeste dans la communication des individus. Le vieillissement rend plus difficile la perception des sons aigus, ce qui empêche de comprendre certains mots : les consonnes sont en majorité aiguës. Même lorsque les interlocuteurs parlent plus fort, les personnes âgées mal entendantes ont l'impression d'un murmure inarticulé, voire d'un grommellement, ce qui entrave complètement les échanges. Ces difficultés sont plus fréquentes lorsque les vis-à-vis sont des femmes ou des enfants parce que ces personnes ont justement des voix plus aigües. Cela étant, après la perte prioritaire des sons aigus, celle des graves ne tarde pas à se faire jour.

Les os et les articulations sont également soumis aux vicissitudes du vieillissement. Les premiers perdent une partie de leur densité, c'est-à-dire une partie de leur richesse en calcium . L'ostéoporose est la perte importante de celle-ci. Elle s'observe surtout chez les femmes ménopausées. Chez elles, la baisse de la production d'œstrogènes ne protège plus contre la décalcification, contrairement à ce qui se passait avant ce changement hormonal. Une telle situation entraine bien souvent des fractures, surtout au niveau du col du fémur, des bras, des poignets et des vertèbres. Les disques qui séparent les vertèbres s'amincissent dans le même temps : la colonne vertébrale perd de sa longueur, ce qui explique que la taille des personnes âgées diminue. Dans le même temps, les cartilages qui recouvrent l'intérieur des articulations et qui assurent la fluidité des mouvements s'usent. Ils ne permettent plus le glissement harmonieux des parties concernées. Cette dégradation entraîne de vives douleurs caractéristiques d'une pathologie très fréquente du grand âge : l'arthrose. De plus, l'élasticité des ligaments (bandes fibreuses qui relient les os d'une articulation) et des tendons (jonctions entre os et muscles) décroît, ce qui génère des raideurs dans les articulations et une perte générale de la souplesse.

Le vieillissement provoque un affaiblissement d'activité de bien d'autres organes. Tel est le cas de ceux de la reproduction, des reins, des voies urinaires, du système immunitaire, de la production de sang… S'ils sont touchés également, le système nerveux, le cœur, les poumons et surtout le système digestif, le sont à un degré moindre et les conséquences sont parfois peu, et éventuellement pas, décelables.

À la lumière des exemples qui viennent d'être développés et de ceux auxquels une simple allusion a été faite, il apparaît que le vieillissement est toujours associé à une diminution progressive, mais incontournable, des fonctions physiologiques. Cette situation conduit inévitablement à la mort. Ce constat permet d'admettre, en grande partie, que la longévité maximale ne puisse pas dépasser (pour le moment) 120 ans environ. Mais comment peut-on expliquer ce processus qui fait de la vie une marche inéluctable vers la mort ?

* *

*

Un premier élément d'interprétation est fourni par des résultats obtenus grâce à la culture *in vitro* de tissus animaux. En 1965, à l'Institut Wistar de Philadelphie aux USA, Leonard Hayflick, un des fondateurs de la biologie moderne du vieillissement, met des fibroblastes d'embryons humains en culture aseptique – les fibroblastes sont des cellules du tissu conjonctif, un des quatre types histologiques animaux, les trois autres étant les tissus épithélial, musculaire et nerveux. Lorsque ces cellules se sont divisées – chaque cellule mise en culture se divise en deux entités identiques appelées "cellules filles" –, il transfère (on dit : il "repique") chacune des deux moitiés de la culture initiale sur un milieu neuf. Il répète cette succession d'étapes (division cellulaire, séparation de la culture en deux lots, repiquage de chaque lot sur un milieu neuf). Au bout d'une cinquantaine d'opérations de ce genre il constate que, non seulement les fibroblastes ne se divisent plus, mais qu'ils meurent. Il renouvelle son expérimentation en partant cette fois de cellules prélevées sur des sujets âgés de 10, de 20, ou de 30 ans. Il aboutit à des résultats comparables mais avec un arrêt de l'aptitude à la division de plus en plus précoce.

Il apparaît donc qu'une cellule, un fibroblaste en la matière, est capable de se diviser – *in vitro* tout au moins – un nombre limité de fois. Par ailleurs cette faculté dépend de l'âge du donneur. En fait, lorsque ce dernier vieillit, ses cellules se divisent. Pour établir des comparaisons rationnelles, il conviendrait d'ajouter au nombre de divisions possibles *in vitro*, le nombre de celles réalisées *in vivo*. Tout laisse à penser aujourd'hui que l'on retrouverait ainsi des valeurs du même ordre que celles obtenues à partir de fibroblastes d'embryons. Que penser de tout cela ? Si le processus de la division s'arrête quasiment toujours après le même nombre de scissions, c'est qu'une information véhiculée dans les cellules l'y oblige. Dans ces conditions, seul le génome peut en être responsable. On sait désormais que, dans l'organisme humain, pour chaque type de cellules différenciées, il existe une limite au nombre de divisions possibles ; elle se situe aux environs de 52. Il en va presque de même pour les autres organismes : seule la valeur de la limite varie.

Comment le génome intervient-il pour imposer une telle limite ? En 1971 le biologiste russe Alekseï Olovnikov apporte un premier élément de réflexion à ce sujet. Il considère à propos des divisions cellulaires que la limite observée par Hayflick peut être rapprochée d'un phénomène biochimique particulier. À leurs extrémités les chromosomes sont prolongés par des éléments, appelés télomères, composés d'ADN à structure répétitive (c'est-à-dire non codante) et de protéines. Ils jouent un rôle de bouclier en ce sens qu'ils assurent une sorte de protection de l'ADN (des chromosomes) au cours de la division cellulaire. Mais dans le même temps ils "s'usent" en quelque sorte et perdent à chaque fois un peu de leur partie terminale : ils raccourcissent donc. Peu à peu, au fil des divisions cellulaires, ils deviennent si courts qu'ils sont incapables de protéger les chromosomes, ce qui conduit à l'arrêt des divisions. Or la vie nécessite un renouvellement permanent des cellules. Par conséquent fin des divisions cellulaires signifie mort à brève échéance des organismes.

Mais une observation est venue compliquer le tableau. L'ADN des télomères qui est éliminé à chaque division peut très bien être remplacé. Une enzyme, la télomérase, est capable de resynthétiser l'ADN télomérique. Finalement, la limite de la division des cellules résulte de l'efficacité de la télomérase : si elle fonctionne bien, les télomères ne perdent pas de longueur ; dans le cas contraire ils raccourcissent. Tout cela pour dire que ce ne sont pas les télomères qui sont responsables de l'arrêt de la division cellulaire mais la télomérase. Les télomères ne sont que les marqueurs de l'action de la télomérase.

Empêcher les divisions cellulaires signe la mort d'un organisme. Par conséquent leur diminution constitue un signal de vieillissement annonciateur de cette fin. À ce titre, le raccourcissement des télomères apparaît bien comme une information indirecte mais objective du vieillissement. Contrairement à ce qu'avait observé et décrit Hayflick dans le cadre de son modèle d'étude, il existe, dans des contextes différents, des situations où les divisions cellulaires ne cessent jamais et où, par conséquent, leur maintien semble perpétuel. Ainsi, dans la très grande majorité des cellules cancéreuses, la télomérase est active : de ce fait, elle contribue à l'élongation des télomères et préserve d'une mort imparable. N'entrant pas en sénescence, ces cellules deviennent "immortelles" (au moins pendant un certain temps). La lutte contre les cancers devrait donc, en toute logique s'attacher à inactiver la télomérase. Mais de nombreux travaux ont mis en évidence que le fonctionnement de cette enzyme dépendait de plusieurs facteurs : l'activité physique, l'hygiène alimentaire, le stress… Pour cette raison, les tentatives d'intervention sur sa régulation n'ont, jusqu'à présent, jamais été couronnées de succès.

Une autre hypothèse relative aux causes du vieillissement fait intervenir les radicaux libres. Ces derniers sont des atomes ou des molécules ayant soit gagné soit perdu un électron. Tel est le cas du radical superoxyde qui n'est rien d'autre qu'une molécule d'oxygène enrichie d'un électron au cours de la respiration cellulaire. Dans ce cadre, il convient peut-être de rappeler qu'un atome est composé d'un noyau formé de plusieurs nucléons eux-mêmes constitués de protons (porteurs de charges positives) et de neutrons (non électriquement chargés). Autour de ce noyau gravitent des électrons (chargés négativement). Pour que la neutralité électrique soit respectée, un atome contient autant de protons que d'électrons. De plus, pour qu'un atome soit stable il faut que ses électrons soient appariés, c'est-à-dire groupés par deux. Si un atome ou une molécule comprend un électron non apparié (= qualifié de célibataire), il, ou elle, sera instable et cherchera à s'enrichir rapidement d'un électron pour former un duo, gage de stabilité. Il (ou elle) arrachera cette particule à une molécule très proche. Dans ce schéma, l'entité qui aura perdu un électron deviendra, par définition un radical libre, instable à son tour et essayera de regagner un électron pour recouvrer sa stabilité. La réaction se poursuit ainsi de proche en proche. Les différents radicaux libres produits pourront attaquer et dégrader des structures biologiques.

Lorsque cette chaîne est initiée dans la respiration cellulaire, les radicaux libres formés vont “oxyder” les cellules. On parle alors de stress oxydatif, lequel constitue un véritable danger pour les organismes qui disposent, malgré tout, de moyens de défense. Des antioxydants aux propriétés antiradicalaires (= antiradicaux libres) sont synthétisés par les organismes ou bien sont présents dans l’alimentation (vitamines C et E par exemple). Néanmoins, avec le temps qui s’écoule, ces protections sont de moins en moins efficientes. Les radicaux libres qui s’accumulent alors dégradent de plus en plus les structures biologiques et le vieillissement irréversible s’installe. Pour l’illustrer, il est loisible de se référer à l’état de la peau chez les personnes âgées. Les radicaux libres attaquent les membranes des cellules, en particulier celles de la peau et, par suite, endommagent le collagène, biopolymère protéique animal. Compte tenu de sa structure, il confère aux tissus une résistance mécanique à l’étirement. En mauvais état, il n'est plus en mesure de tenir son rôle ; des rides s’installent alors. Aussi, l’industrie cosmétologique ajoute-t-elle désormais dans ses crèmes (antisolaires notamment) des composés antiradicaux libres. Sont-ils vraiment efficaces ? Sont-ils susceptibles de franchir la barrière cutanée ? L’annonce bien relayée par les médias repose-t-elle sur des données scientifiquement établies et incontestables ? Autant de questions auxquelles il est quasiment impossible d’apporter des réponses sérieuses. Toutefois, pour être tout à fait honnête, il semble – d’après la littérature indépendante des entreprises impliquées – que l’adjonction de ces antagonistes assure bien un rôle protecteur. Cela étant, pour remplir cette mission, des extraits naturels de plantes (criste marine, algues rouges ou brunes…) sont utilisés, ce qui s’inscrit pleinement dans la tendance commerciale actuelle.

Par ailleurs, il ne semble pas inutile d'ajouter, comme le souligne un article publié sur cnrs.fr avec la collaboration de Sylvia Pietri (Directeur de recherche au CNRS) que les radicaux libres peuvent parfois présenter un intérêt. L'article en question indique en effet : "Notre corps est capable de fabriquer volontairement des radicaux libres. Ils sont produits par le système immunitaire : certains globules blancs (…) les utilisent pour se défendre contre les bactéries et micro-organismes".

Tous les exemples présentés et tous les commentaires émis débouchent sur l'idée que le temps qui passe aboutit à la mort des animaux. Une interrogation vient inévitablement à l'esprit : lorsque l'intéressé est engagé dans cette voie, a-t-il la possibilité de faire demi-tour ? En d'autres termes, une fois engagé le vieillissement est-il ou non réversible ?

* *

*

La question de la réversibilité du vieillissement animal fait écho aux travaux réalisés chez les végétaux qui seront évoqués par la suite. Ce problème a surtout été traité à propos du projet de clonage d'une brebis dénommée Dolly.

À la fin des années 1990, les médias et en particulier les périodiques de vulgarisation rapportent une découverte de taille : le succès du premier clonage animal, celui d'une brebis – Dolly en l'occurrence. Il faut lire avec beaucoup d'attention le protocole suivi dans cette démarche pour comprendre et discuter éventuellement les résultats obtenus.

Une cellule reproductrice, un gamète en un mot, est prélevé sur un donneur, une brebis femelle à tête noire. Le noyau qui renferme l'ADN, le matériel génétique, est éliminé. Il est remplacé par celui d'une cellule de glande mammaire d'une brebis à tête blanche. *In vitro* cette nouvelle construction issue des mains de l'homme se divise et génère un amas cellulaire ou cal. Ce dernier est alors récupéré et implanté dans l'utérus d'une brebis porteuse. Il se différencie en un embryon qui, au terme de son développement, donne naissance à une brebis femelle à tête blanche : Dolly. À lire ces lignes, le processus expérimental peut paraître tout à fait simple à effectuer. Il n'en est rien ! L'élimination du noyau du gamète initial et son remplacement par celui de la cellule de la glande mammaire ont demandé près de trois cents répétitions. Une fois cette étape technique réalisée, seule une trentaine de cultures *in vitro* ont formé des cals. Pour ce qui concerne les mères porteuses, une dizaine ont été retenues. Des cals implantés, un seul a différencié un embryon qui a pu poursuivre son développement jusqu'à la naissance de Dolly.

Alors Dolly est-elle la copie conforme d'un des parents ayant fourni son matériel génétique ? Il est exclu de penser à la brebis à tête noire sur laquelle a été prélevé un gamète puisque celui-ci a été débarrassé de son ADN. La brebis porteuse n'est pas non plus impliquée dans le processus possible de clonage : il s'agit simplement d'un environnement de développement sans incidence sur les caractéristiques génétiques de l'organisme élevé en son sein. Le seul donneur qui peut donc être cloné est la brebis à tête blanche dont l'ADN d'une cellule de glande mammaire a été engagé dans le processus. Dolly présente bien la tête blanche de ce donneur. Mais est-ce suffisant pour affirmer qu'elle représente un clone de celui-ci ? Certes non ! En effet, il convient de ne pas oublier que le noyau, donc l'ADN de la brebis à tête blanche a été introduit dans le cytoplasme d'un gamète de la brebis à tête noire. Or le cytoplasme d'une cellule contient, comme le noyau, de l'ADN – notamment dans ses mitochondries. Il en va d'ailleurs de même chez les plantes où l'ADN est présent bien entendu dans le noyau, dans les mitochondries mais aussi dans les plastes. Ce serait par conséquent une erreur grossière de penser que seul un noyau participe aux mécanismes de l'hérédité. Dolly est donc une sorte d'hybride entre les deux brebis d'origine, l'une à tête blanche, l'autre à tête noire.

En outre, la brebis à tête blanche qui a donné son ADN était âgée de six ans. Or lorsqu'elle a atteint six ans Dolly a dû être euthanasiée en raison d'un vieillissement considéré alors comme prématuré. Mais les spécialistes de la longévité des animaux savent que la durée moyenne de vie d'une brebis est de l'ordre de douze années. Ce faisant la brebis, donneuse de son ADN, âgée de six ans a vécu en quelque sorte six ans de plus sous la forme Dolly, soit au total douze ans. Qu'implique exactement cette interprétation ? Sur la brebis à tête blanche a été prélevé un ADN âgé de six ans qui a poursuivi son développement comme si de rien n'était. Son transfert dans une cellule extrêmement jeune, un gamète, n'a eu d'effet ni sur son âge ni sur son vieillissement déjà engagé. Finalement cette expérience laborieuse et délicate prouve que chez les animaux, lorsque le vieillissement est en place, il n'est pas réversible. On ne sait pas “rajeunir” un animal. Dans ce qui suit, il sera en revanche montré que chez les végétaux il en va tout autrement. En dehors de cet aspect irréversible du vieillissement animal, il faut avoir à l'esprit que ce qui a été appelé "clonage" constitue un abus de langage puisque Dolly n'était pas la copie conforme de la brebis à tête blanche ayant fourni son ADN. On peut donc soupçonner qu'entre animaux et végétaux des différences importantes existent. Elles devront être analysées et interprétées dans la mesure du possible. Aussi après avoir traité des effets du temps qui passe sur les animaux, le volet relatif aux végétaux s'impose-t-il désormais.

EFFETS DU TEMPS QUI PASSE SUR LES VÉGÉTAUX

Le comportement des végétaux au cours des temps

Quand la terre s'est-elle formée ? Quand la vie est-elle apparue ? Voilà des questions auxquelles il est bien difficile de répondre même avec une précision toute relative. Ces événements sont si éloignés que sur les époques où ils se sont produits pèsent d'imposantes incertitudes. Diverses hypothèses ont ainsi été formulées à leur sujet. D'une manière globale il peut sembler raisonnable de considérer que la genèse de la terre a eu lieu il y a environ 4,5 milliards d'années (4,5 giga années ou 4,5 Ga). À ce moment-là, aucune forme de vie n'existait. Et là encore une complication se présente : qu'est-ce au juste que la vie ? Les spécialistes de cette question admettent en général que la vie se définit par la faculté de se reproduire avec la mémoire moléculaire de l'hérédité. Les premières traces de vie semblent s'être manifestées il y a 3,8 milliards d'années (3,8 Ga) comme le révèlent des restes fossilisés trouvés dans des roches sédimentaires. La vie était alors uniquement aquatique et elle le demeurera pendant plus de 3 Ga. Les êtres vivants qui apparaissent d'abord sont des bactéries et des cyanobactéries (appelées algues bleues par le passé). Ces dernières sont douées de propriétés de type photosynthétique : elles fixent le gaz carbonique. Dans le même temps elles construisent des stromatolithes, édifices essentiellement calcaires formés par précipitation des carbonates dans un voile gélatineux qu'elles sécrètent. En utilisant du gaz carbonique, elles créent un environnement pauvre en celui-ci, ce qui entraîne la précipitation des carbonates qui donnent ainsi naissance aux stromatolithes.

La découverte de ces structures particulières a permis d'envisager la présence de la vie sous forme de cyanobactéries à l'époque de leur formation. Certes, la prudence s'impose cependant dans la mesure où des constructions comparables aux stromatolithes peuvent parfois se mettre en place hors présence de cyanobactéries.

Longtemps après la vie aquatique, la vie terrestre : il y a respectivement près de 500 et de 400 millions d'années que sont apparus les premiers organismes terrestres, végétaux d'abord (lichens et mousses) et animaux ensuite. Comment ces plantes qui, en pionnières, ont colonisé les terres se sont-elles comportées au cours des temps pour devenir celles que nous connaissons de nos jours ? Présents à l'origine dans les mers tièdes, voire chaudes, capables de résister aux rayons ultra-violets, les lointains ancêtres de nos plantes actuelles ont dû s'adapter à l'eau douce continentale et à la sécheresse même relative. Elles ont parfaitement franchi ces obstacles puisque dans les sols précambriens (- 4,5 milliards d'années à - 541 millions d'années) les teneurs en carbone 12 suggèrent fortement la présence d'organismes fixateurs de carbone, les cyanobactéries en l'occurrence.

Puis, pour se fixer sur terre, les conquérants ont été contraints d'inventer deux dispositifs indispensables : les spores pour leur reproduction et les racines pour leur nutrition. Ainsi les Bryophytes, représentées par les mousses notamment, se sont installées. De leurs spores ont été trouvées dans les couches datant de l'Ordovicien (deuxième période de l'ère primaire ou Paléozoïque ; - 485 à - 443 millions d'années). Au cours de la période suivante, au Silurien (troisième période de l'ère primaire ; - 443 à - 419 millions d'années) des plantes qualifiées de vasculaires différencient des tissus capables de transporter l'eau. Elles améliorent ensuite leur adaptation à la vie atmosphérique en développant un appareil aérien pluricellulaire plus ou moins rigidifié par des dépôts de lignine et apte à croître et à se ramifier. Ces deux fonctions résultent de l'activité de massifs cellulaires demeurant indéfiniment à l'état juvénile : les méristèmes. Ultérieurement les feuilles des végétaux acquièrent des stomates, orifices microscopiques qui permettent soit d'absorber, soit de rejeter des gaz. L'eau éliminée à ce niveau sous forme de vapeur (transpiration) crée dans la tige une force d'attraction qui permet à une colonne d'eau de s'élever de la base vers le sommet. Grâce à ce système, la sève brute composée de l'eau et des sels minéraux absorbés au niveau racinaire est distribuée dans toute la plante. Plus tard, les organes reproducteurs sont plus efficacement protégés, ce qui aboutit à l'apparition de la graine. Toutes ces adaptations successives ont conduit à une diversification de la flore terrestre.

Il semble que les échantillons végétaux les plus anciens de la flore continentale terrestre se trouvent en Australie. Ils datent du Silurien et du Dévonien (quatrième période du Paléozoïque ; - 418 à - 359 millions d'années). Il s'agit de fossiles du genre *Baragwanathia* lequel s'est éteint (c'est-à-dire a disparu) au début du Dévonien. Leur découverte en Australie a été contestée mais d'autres spécimens ont été retrouvés au Canada, en Chine et en Tchéquie. Ces plantes sont considérées comme des Ptéridophytes, groupe auquel appartiennent notamment les fougères. Entre - 400 et - 250 millions d'années ces Ptéridophytes représentent, de loin, les végétaux les plus nombreux de la flore continentale. Certaines des espèces concernées telles que les fougères, les sélaginelles ou encore les lycopodes sont herbacées, d'autres comme les calamites semi-arborescentes tandis que les lépidodendrons et les sigillaires sont véritablement arborescentes. Au Carbonifère (cinquième période du Paléozoïque) ces deux dernières espèces se développent intensément et forment de vastes forêts. Elles sont souvent accompagnées de représentants des préspermaphytes, c'est-à-dire des plantes à ovules nus ; dépourvues d'ovaire, elles ne donneront ni fruits (le fruit par définition est issu du développement de l'ovaire après fécondation) ni de vraies graines. Groupe pratiquement disparu, les préspermaphytes sont aujourd'hui représentés par le *Cycas* et le *Ginkgo biloba*. En milieu marécageux, l'enfouissement et la transformation des immenses forêts du Carbonifère constitueront les grands bassins houillers d'Amérique du Nord et d'Europe.

Dès la fin de l'ère primaire, les conditions d'environnement se caractérisent par une élévation de la température et un assèchement de l'atmosphère. Les Ptéridophytes sont remplacées par des Gymnospermes, groupe botanique des conifères. Ceux-ci abondent au Mésozoïque (autrefois dénommé ère secondaire) et constituent la nourriture essentielle des dinosaures. Le Jurassique, deuxième époque du Mésozoïque, se termine avec l'apparition des Caytoniales que certains considèrent comme des intermédiaires entre les Ptéridophytes et les Angiospermes ou plantes à fleurs et à ce titre comme les ancêtres de ces dernières. Au terme du Mésozoïque, la flore se singularise par la multiplicité et le pullulement des Angiospermes dont les diverses espèces dominent très largement en nombre toutes les autres. Cette distribution n'évolue guère au cours des ères tertiaire et quaternaire même si, pendant cette dernière, les glaciations ont abouti à d'importantes disparitions. Malgré ces événements défavorables, la composition globale de la flore n'a pas été altérée en profondeur.

Au fil du temps, les plantes se sont adaptées aux nouvelles conditions environnementales qu'elles affrontaient. Chez les animaux l'évolution s'est effectuée concomitamment avec des extinctions massives (c'est-à-dire des disparitions en nombre réduit mais touchant un très grand nombre d'espèces) et avec des innovations profondes. En revanche, chez les plantes elle a été continue et régulière. Mais d'entrée elles possédaient une propriété qui faisait d'elles des êtres privilégiés appelés à surmonter les obstacles avec beaucoup moins de difficultés que les animaux. Grâce à leur aptitude à la photosynthèse, les végétaux sont quasiment indépendants de leur milieu.

La photosynthèse est le processus physico-biologique qui permet de produire de l'énergie à partir seulement du gaz carbonique atmosphérique, d'eau et de lumière. Les organismes pourvus de cette faculté contiennent des pigments, notamment des chlorophylles. Celles-ci peuvent capter l'énergie lumineuse et la transformer en énergie chimique. Cette dernière permet la synthèse des sucres (source énergétique carbonée) à partir de gaz carbonique absorbé. Par conséquent, les végétaux (encore appelés plantes vertes) se suffisent à eux-mêmes. Ils sont qualifiés d'autotrophes (pour le carbone) pour cette raison. Les animaux, eux, sont incapables de produire ainsi de tels sucres à partir de matière minérale. Ils doivent impérativement les trouver tout prêts pour subvenir à leurs besoins les plus élémentaires. À cet effet certains se nourrissent de plantes : ils sont herbivores. D'autres, carnivores, consomment des animaux herbivores ou des animaux carnivores qui, à un moment donné, ont consommé des herbivores. Les végétaux paraissent donc indispensables aux animaux pour vivre. Incapables de fabriquer l'énergie vitale incontournable, les animaux sont dits hétérotrophes (pour le carbone tout au moins). Pour compléter, il convient de préciser que quelques groupes d'organismes vivants (de bactéries en particulier) constituent leur matière organique *via* la chimiosynthèse. Celle-ci est une conversion biologique de molécules contenant du carbone (dioxyde de carbone ou méthane) en utilisant l'oxydation de composés inorganiques (hydrogène ou sulfure d'hydrogène) comme source d'énergie à la place de la lumière (comme tel est le cas dans la photosynthèse).

Les premiers végétaux auxquels il a été fait allusion, des Cyanobactéries, possédaient déjà cette propriété qui leur a permis – ainsi qu'à tous les autres végétaux – d'affronter plus aisément les épreuves ultérieures dues aux changements environnementaux. À la différence des végétaux, les animaux devaient résoudre ces mêmes problèmes mais, de plus, trouver des solutions pour la fourniture d'énergie. On comprend alors pourquoi l'évolution végétale s'est déroulée en continu et avec régularité.

Les végétaux adaptés, évolués, tels que nous les connaissons aujourd'hui subissent malgré tout les effets du temps qui passe : ils "vieillissent". Comment se déroule cette phase ?

* *

*

Alors que, comme il y a été fait allusion précédemment, les spécialistes de physiologie animale ont tendance à ne parler que de “vieillissement” à propos des effets du temps qui passe, les spécialistes du monde végétal distinguent clairement ce terme de celui de “sénescence”. Pour ces derniers, le vieillissement n’a rien de biologique ; il s’agit d’un phénomène d’usure. Ils illustrent cette conception par l’image suivante : lorsqu’une voiture roule, ses pneus s’usent en raison du frottement sur le revêtement de la chaussée. Pour eux, ils vieillissent, et on comprend facilement que la biologie est là, parfaitement étrangère. En revanche, les feuilles des arbres qui tombent en automne répondent à un processus physiologique déterminé par le génome. Ce type de réaction qui, comme le vieillissement, résulte du temps qui passe mais avec des modalités bien différentes, ne peut pas lui être assimilé. Les végétalistes utilisent dans ce cas le mot “sénescence”. En résumé, chez les plantes le vieillissement et la sénescence apparaissent comme des conséquences de l’écoulement du temps mais, tandis que le premier est considéré comme indépendant du génome, la seconde y est totalement liée. Seule cette dernière sera abordée dans ce qui suit.

Chez les Angiospermes la fleur est l’organe de la reproduction sexuée. À l’extrémité d’un axe (tige, rameau…) elle se différencie sur une partie légèrement bombée la plupart du temps : le réceptacle floral. Sur celui-ci prennent place des pièces qui, pour un type donné, sont toutes disposées sur une figure géométrique (circulaire ou ovale) unique. De l’extérieur vers l’intérieur on distingue ainsi les sépales (chlorophylliens la plupart du temps), dont l’ensemble porte le nom de calice. Plus à l’intérieur, les pétales – pièces colorées – , forment la corolle. Parfois sépales et pétales ne se distinguent pas aisément les uns des autres et sont alors appelés tépales (cas de la tulipe par exemple). Sépales et pétales constituent des éléments stériles qui protègent la partie centrale et fertile de la fleur. Après ceux-ci et toujours vers l'intérieur se trouve l'androcée, partie mâle constituée d'étamines. Enfin, au centre, le gynécée ou pistil, partie femelle, est formé par des carpelles. La description qui vient d'être faite concerne les fleurs complètes ou hermaphrodites comme celles du petit pois par exemple. Elles sont de très loin les plus nombreuses puisqu'elles représentent plus de 70 % des espèces. Mais la fleur peut quelquefois être unisexuée. Dans cette hypothèse, un organisme peut porter en des lieux différents des fleurs de sexe différent. Tel est le cas du maïs dont les fleurs mâles se trouvent à l'apex des pieds et les femelles à mi-hauteur sur la tige. Dans cette situation les fleurs sont incomplètes, mais le plant est hermaphrodite puisqu'il porte les deux sexes ; l'espèce est alors qualifiée de monoïque. Une autre possibilité est représentée par les espèces chez lesquelles chacun des sexes est réparti sur des pieds différents : il existe alors des pieds mâles et des pieds femelles. Ces espèces sont dites dioïques ; le kiwi, le houx, l'asperge en sont des exemples.

Des conditions internes et très souvent externes sont requises pour que les fleurs se forment. En effet, pour qu'une plante puisse fleurir, il lui faut atteindre un développement végétatif minimum : la maturité de floraison. Elle diffère selon les espèces. Elle correspond par exemple chez le seigle à la mise en place de 7 feuilles et chez la tomate de 13 entre-nœuds. Chez les arbres le délai pour parvenir à ce stade est beaucoup plus long : de 5 à 7 ans pour un poirier et plusieurs dizaines d'années pour un chêne. Certains interprètent cette notion de maturité de floraison comme un préalable indispensable aux besoins énergétiques futurs des structures nées de la floraison : fleurs, fruits et graines. Quant aux conditions externes de la mise à fleurs, elles concernent la température et l'apport lumineux. Certaines espèces nécessitent un traitement par le froid (naturel ou artificiel) – la vernalisation – pour fleurir. En outre, la durée de l'éclairement journalier ou photopériodisme conditionne parfois l'aptitude à fleurir. Diverses plantes nécessitent pour cela de recevoir des journées de plus de 12 heures de lumière (souvent même environ 16 heures) ; elles sont dites plantes de jours longs (cas de la laitue). D'autres sont incapables d'initier leurs fleurs si elles sont placées sous un éclairage journalier supérieur à 12 heures (et même souvent 16 heures) : elles ont besoin de nuits longues et sont appelées plantes de jours courts. Un exemple bien connu est celui du chrysanthème.

Quoique la maturité de floraison constitue bien souvent un stade à franchir nécessairement pour permettre l'apparition des organes de la reproduction sexuée, il est des cas, rares il est vrai, où des organismes juvéniles se révèlent aptes à la reproduction. Ce phénomène porte le nom de néoténie. Ce terme a été proposé dans les années 1880 par le zoologiste suisse Julius Kollmann pour décrire l'atteinte d'une maturité sexuelle d'un organisme pourtant encore à l'état larvaire. Travaillant sur des larves de grenouilles européennes ayant atteint des tailles importantes, il suggère que ces espèces à métamorphoses sont capables de reporter les étapes de transformation et de “retenir leur jeunesse” en quelque sorte. Il propose d'appeler néoténie cette faculté. Ce faisant, il rapproche ses observations de celles effectuées sur l'axolotl par Auguste Henri André Duméril professeur d'herpétologie et d'ichtyologie au Muséum national d'histoire naturelle de Paris. Cet animal qui appartient à la mythologie aztèque est particulièrement étrange : il apparaît et se comporte comme une larve de salamandre mais est apte, cependant, à se reproduire. Ses descendants se transforment en salamandres ou bien se reproduisent eux aussi alors qu'ils ont conservé leur aspect larvaire. Il est alors admis que cet animal peut prendre deux formes adultes : une banale, classique, de salamandre et l'autre d'aspect larvaire. Kollmann pense pouvoir attribuer à la seconde le qualificatif de "néoténique".

Chez les végétaux ce phénomène a également été décrit. En 1951, Pierre Chouard, professeur de physiologie végétale à l'université de Paris publie un article intitulé "Premières recherches sur la néoténie expérimentalement provoquée par le photopériodisme chez les plantes à fleurs". Il y décrit d'abord des cas de néoténie naturelle végétale. Ils ont trait à des « "formes de jeunesse" purement végétatives qui ne deviennent sexuées qu'après "métamorphose", c'est-à-dire ici croissance de formes adultes ; mais chez certaines espèces, la forme de jeunesse est normalement sexuée et dans certains cas la forme sexuée ne se développe pas. » Il cite alors les exemples de feuilles de *Thuja*, de *Chamaecyparis* et de *Biota* qui sont pour lui de « vrais "axolotls" végétaux. » Il poursuit en rappelant que dans la nature il est possible de rencontrer des végétaux à « sexualisation prématurée » : ils fleurissent à l'état de plantules portant des feuilles juvéniles. Pour tenter de comprendre ces phénomènes, il expose à des jours courts dès leur semis diverses espèces nyctipériodiques (c'est-à-dire des espèces de jours courts) : *Amarantus, Chenopodium, Bidens*… Dès le stade plantule, elles initient des fleurs de très petite taille ou présentant des malformations. Mais ces données laissent néanmoins à penser que la voie de la reproduction sexuée peut devenir accessible à des organismes juvéniles. Une telle conception s'oppose bien entendu totalement à la notion de maturité de floraison. La néoténie apparaît alors comme un moyen de contourner l'effet du temps qui passe chez les végétaux. Est-ce à dire qu'elle insinue que le temps pourrait être sinon arrêté, tout au moins contrecarré, dans le monde végétal ? D'autres données sont indispensables pour l'affirmer.

Un autre phénomène lié aux effets du temps sur les plantes et à leur réponse en termes de sénescence concerne la maturation des fruits charnus. Un fruit répond à plusieurs définitions. Pour l'une d'elles, d'origine alimentaire ou gustative, il est un organe comestible agréable à consommer. Pour une autre, botanique celle-là, il correspond au développement de l'ovaire ou mieux de la fleur, voire de l'inflorescence (groupement de fleurs) après fécondation. Une troisième, physiologique, voit en lui un agrégat de tissus floraux entourant les ovules et se développant sous leur influence. Une dernière le définit comme un organe végétal comestible contenant une – ou plusieurs – graine et son enveloppe au sens large. Elle s'accorde assez bien avec l'idée que se fait l'homme de la rue sur ce sujet. Elle suggère en outre la présence de tissus charnus entourant la (ou les) graine. La cerise, la banane, l'orange, la pomme, la poire, la fraise, l'ananas… entrent tout à fait dans ce cadre tout comme la tomate, l'aubergine ou le poivron que d'aucuns appellent des légumes (terme de consommateurs sans signification scientifique) et non des fruits. Aussi sera-t-elle retenue dans ce qui suit et qui sera limité aux seuls fruits charnus, en laissant de côté les fruits secs. La consommation des fruits dont il sera question s'effectue à la fin de leur croissance et avant leur mort. Ce moment se situe au cours de leur maturation – processus qui les rend aptes à la dégustation – et qui, en fait, n'est rien d'autre qu'une phase de sénescence.

La maturation se caractérise d'abord par un ensemble de transformations organoleptiques qui confèrent au fruit des qualités appréciées lors de sa consommation. Ainsi sa couleur change. Cette modification a deux origines possibles : la dégradation des chlorophylles et la synthèse de nouveaux pigments. L'élimination des chlorophylles fait disparaître la couleur verte et permet en même temps de révéler la présence d'autres pigments masqués jusque-là par celles-ci. Tel est le cas des caroténoïdes de la banane. Quant aux synthèses de nouveaux pigments, elles peuvent avoir lieu soit dans les plastes (lycopène de la tomate par exemple), soit dans les vacuoles (anthocyanes des fruits rouges). Un autre changement se rapporte aux acides dont les teneurs diminuent fortement parallèlement à une disparition de l'amidon et à une augmentation concomitante des sucres solubles. Bien moins acide le fruit devient beaucoup plus agréable en bouche. Les quantités de composés phénoliques – en particulier celles des tannins – baissent aussi, ce qui supprime l'astringence du fruit vert. Les parois pectocellulosiques se dégradent et les tissus internes du fruit (la chair) s'amollissent sous l'action d'enzymes. Enfin, des composés volatils, propres aux arômes des organes mûrs, se dégagent très souvent.

L'évolution de l'intensité respiratoire mérite une attention toute particulière. Elle est suivie à partir de la récolte des fruits et tout au cours du temps, soit par la mesure du gaz carbonique rejeté, soit par celle de l'oxygène absorbé. Avec certains fruits, elle augmente régulièrement, atteint un maximum puis diminue jusqu'à la mort des organes. En revanche, avec d'autres, la respiration n'est guère modifiée tout au long des mesures. Ces dernières ont permis de distinguer respectivement deux types de fruits : les climactériques et les non climactériques. Les premiers, les plus nombreux sont représentés par la pomme, la poire, l'avocat, la banane… En revanche, la cerise, les agrumes, le raisin appartiennent au second groupe. Chez les fruits qualifiés de climactériques, le point le plus élevé de la courbe (intensité respiratoire en fonction du temps) est appelé "maximum climactérique" ; il n'existe pas chez les fruits non climactériques.

En dehors de cette différence relative à leur intensité respiratoire, les fruits climactériques et non climactériques se singularisent par d'autres propriétés qui les différencient. Au cours de leur maturation, les premiers produisent de l'éthylène selon une courbe qui a un aspect comparable à celle de l'évolution de leur intensité respiratoire : une partie montante jusqu'à un moment qui correspond à leur maximum climactérique suivi d'une décroissance. Les fruits non climactériques sont eux aussi aptes à rejeter de l'éthylène mais leur production est nettement moindre : environ 1000 fois. De plus, tandis que les premiers se récoltent immatures au terme de leur croissance et effectuent leur maturation hors de l'arbre formateur, les seconds se cueillent à maturité : ils sont incapables d'effectuer leur maturation en dehors de l'arbre sur lequel ils ont été formés. En bref une poire et une pomme se récoltent vertes et mûrissent ailleurs que dans le verger producteur. Une cerise se cueille rouge et non verte parce que dans cette dernière éventualité elle ne parvient jamais à mûrir. Par ailleurs, comme il vient d'être dit, les fruits climactériques synthétisent beaucoup d'éthylène au cours de leur maturation mais dès leur récolte, pourvu que leur croissance soit terminée, leur maturation peut être déclenchée par un apport d'éthylène exogène. Les fruits non climactériques sont bien moins sensibles à un tel traitement. La tomate étant un fruit climactérique, elle peut être récoltée verte à la fin de sa croissance et déposée dans un récipient en présence de pommes ou de poires. Ces dernières produisent de l'éthylène comme il vient d'être dit. Ce gaz déclenche la maturation des tomates vertes conservées avec elles et qui, ainsi, murissent : elles rougissent et s'assouplissent.

La maturation des fruits s'accompagne de nombreuses modifications des protéines : les quantités de certaines présentes dans les fruits verts augmentent ou diminuent, de nouvelles apparaissent. Le processus physiologique qui, comme cela a été souligné précédemment, est une phase de sénescence n'est donc pas un phénomène passif conduisant à la mort mais une étape de fonctionnement actif du génome. La connaissance et la maîtrise de ces phénomènes ont permis de disposer d'applications pratiques dans la commercialisation de certains fruits et des tomates en particulier. Cueillies et introduites vertes dans les circuits de distribution, elles sont beaucoup moins fragiles que les rouges : elles demeurent fermes et restent peu sensibles aux chocs. Il devenait donc intéressant d'envisager de les empêcher de mûrir jusqu'au moment de leur mise sur le marché. L'idée a été, bien entendu, de se focaliser sur l'élément important de la maturation : l'éthylène en l'occurrence. Sa chaîne de biosynthèse est désormais bien établie. Il est produit à partir d'un acide aminé banal, la méthionine. En présence d'ATP (adénosine tri phosphate) cette dernière se transforme en S-adénosyl-méthionine ou SAM (également appelée Adomet) grâce à une enzyme, la SAM synthétase. Cette SAM est ensuite transformée par l'ACC synthase en acide 1-aminocyclopropane 1-carboxylique ou ACC qui, sous l'action de l'ACC oxydase et en présence d'oxygène donne naissance à l'éthylène. En transformant des pieds de tomate par adjonction d'un gène qui empêche la formation de l'ACC synthase (gène antisens de l'ACC synthase) la biosynthèse de l'éthylène ne peut pas avoir lieu. De même si l'on incorpore au génome d'une tomate le gène de l'ACC désaminase, l'ACC formé sera détourné : il aboutira à de l' α-cétobutyrate et non plus à de l'éthylène. Dans ces deux protocoles les tomates ne peuvent plus mûrir : elles restent fermes et vertes. Au moment de les présenter sur le marché, un traitement à l'aide d'éthylène exogène leur permet de rougir et de ramollir, de mûrir en un mot.

Au cours du temps, les végétaux se sont donc adaptés. Leur programme génétique a pu s'exprimer jusqu'à la dernière étape, celle de la sénescence. Cependant quelquefois celle-ci ne se manifeste pas et des individus, ou même des espèces, semblent être capables de vivre indéfiniment.

* *

*

Réfléchir à l'existence d'une possible vie éternelle des plantes revient à s'interroger : celles-ci meurent-elles ? Dans leur ouvrage "Les Plantes ont-elles un zizi ? et autres questions fondamentales sur les végétaux", Jeanne Failevic et Véronique Pellissier apportent un premier élément de réponse : « Oui, en principe, comme tout être vivant, les plantes peuvent mourir ». Cependant elles n'ont pas toutes un comportement identique vis-à-vis de la mort. Celles qui sont qualifiées d'annuelles développent un appareil végétatif dès après leur semis et différencient ensuite des organes reproducteurs. Ceux-ci génèreront des graines avant que la plante ne meure. Tous ces phénomènes se déroulent sur une seule année, ce qui justifie le nom qui leur a été donné. La laitue, la tomate, le melon… appartiennent à ce groupe. Les bisannuelles mettent en place leur système végétatif au cours d'une année ; leurs fleurs, leurs graines se forment l'année suivante qui se termine par leur mort. En font partie l'endive, le persil, le poireau, la betterave… Enfin, comme leur nom le suggère, les vivaces (ou pérennes) ne meurent pas ou, pour le moins, vivent extrêmement longtemps. Elles sont surtout représentées par les arbres.

Les arbres ont une longévité exceptionnelle. Ainsi des individus âgés de plus de 2 000 ans ont été trouvés dans différents genres de conifères (*Juniperus, Pinus, Sequoia*…). Jusqu'en 1964, avec près de 5 000 ans, deux pins de Bristlecone (*Pinus longaeva*) étaient considérés comme les plus vieux arbres de la planète. L'un d'eux, surnommé *Prometheus*, vivait aux États-Unis, dans les montagnes du Nevada. Il a été abattu (en 1964 justement) dans le cadre d'un travail de recherche relatif aux glaciations. Cette opération a, bien entendu, entraîné de vives critiques de la part des défenseurs des arbres. L'autre, appelé Mathusalem, installé dans les *White Mountains* de Californie est mort (à peu près à cette même époque). Mais en 2008, la découverte en Suède d'épicéas de 9 550 ans a totalement effacé l'ancien record de longévité. Cela dit, un houx royal de Tasmanie semble toujours détenir largement la tête de ce palmarès avec les 43 000 ans qui lui sont attribués. Toutefois, répondant le 30 juillet 2022 à une interview de la journaliste Sophie Guiraud sur le site midilibre.fr, Francis Hallé professeur honoraire de botanique à l'université de Montpellier cite un peuplier faux-tremble du Missouri aux États-Unis de 80 000 ans. À vrai dire, il est difficile de se faire une opinion dans la mesure où les méthodes de datation sont discutées par les spécialistes eux-mêmes.

Est-ce à dire pour autant que les arbres sont immortels ? Bien que ne disposant pas de preuve du contraire, les scientifiques demeurent sceptiques à ce sujet. À la lumière de nos connaissances actuelles, il est clairement établi que les animaux, et l'homme par voie de conséquence, finissent tous par mourir. Le général de Gaulle, Président de la République, l'a malicieusement confirmé un jour dans une conférence de presse. En réponse à un journaliste qui lui demandait des nouvelles de sa santé, il a répondu : « Je ne vais pas mal, mais rassurez-vous, un jour je ne manquerai pas de mourir ». En revanche les arbres paraissent potentiellement immortels. Il convient de souligner que pour la majorité des gens, cette différence de statut entre les arbres et l'homme n'est guère compréhensible. Elle peut même créer des troubles dans leur esprit, voire les choquer. Chez les animaux, les gènes entrent progressivement en silence au cours du temps. Des réactions biochimiques programmées – des méthylations de l'ADN en particulier – les inactivent complètement, ce qui engage peu à peu l'organisme dans la voie de la sénescence. Pendant longtemps, on a considéré que les arbres et bon nombre de plantes échappaient à ce mécanisme et ne vieillissaient donc pas. Ce point de vue a été depuis abondamment discuté.

Un exemple typique d'arbre "éternel" est fourni par le *Ginkgo biloba*. Surnommé "l'arbre aux quarante écus", il est originaire du sud-est de la Chine. Un premier pied importé de sa région d'origine a été planté au Jardin des plantes de Montpellier en 1778 et une bouture de celui-ci a été repiquée au Jardin des plantes de Paris en 1795. Ces deux spécimens se sont parfaitement développés et sont toujours vivants en ce début de XXIème siècle. Cette espèce représente vraiment l'immortalité. Elle est connue pour n'être attaquée par aucun parasite, pour être insensible aux maladies, pour résister à toutes formes de pollution. Il n'est sans doute pas inutile de rappeler qu'elle est la seule à avoir survécu au bombardement atomique américain du 6 août 1945 sur Hiroshima.

Toujours dans le cadre des arbres, le processus de réitération ne peut pas être passé sous silence. Il s'agit de ramifications particulières qui apparaissent en reproduisant exactement le schéma de développement morphologique (appelé architecture) du pied porteur. L'observation de ce phénomène pratiquement présent chez tous les arbres (avec une fréquence variable il est vrai), donne l'impression de petits arbres miniatures installés sur ses branches. L'arbre n'apparaît plus alors comme un individu unique mais comme une colonie. La mort possible d'un de ces "réitéras" ne met pas en danger la vie de la colonie, donc du pied mère. Par ailleurs, en fonction des causes de la réitération (fracture, rayonnement...) le nouvel élément différencié renferme souvent un génome différent de celui du pied porteur. Là encore, un arbre ne peut pas être considéré comme un sujet uniforme mais comme un ensemble hétérogène.

La notion d'immortalité des plantes se révèle particulièrement complexe. À ce jour aucun argument ne permet d'affirmer de façon péremptoire que cette propriété est avérée. En effet, il y a lieu d'avancer avec une grande prudence en ce domaine : atteindre un âge de plusieurs milliers d'années ne signifie pas *ipso facto* que les sujets concernés ne vont pas mourir par la suite. En revanche, parler de plantes potentiellement immortelles se rapproche de la réalité et évite de toute discussion sémantique vaine. En outre chez un arbre de grande taille, des rameaux meurent, d'autres naissent mais l'organisme porteur, lui, vit toujours. De la même façon, les fraisiers de nos potagers forment des tiges rampantes ou stolons qui différencient des racines ; une tige accompagnée de racines n'est rien d'autre qu'un nouveau pied. Tandis que celui-ci se met en place, des parties âgées du pied d'origine disparaissent. Dans le même ordre d'idée, le tronc d'un arbre se compose à la fois de cellules mortes et vivantes. Le centre, appelé duramen ou bois de cœur est mort, l'écorce également. Sous l'écorce, là où circule la sève élaborée, le tissu (phloème) est constitué de cellules vivantes.

Par conséquent, d'une manière générale, les végétaux comportent des organes qui meurent et d'autres qui voient le jour sans que le pied ne soit supprimé. Certaines de ses composantes ont une existence limitée, mais lui se comporte en entité immortelle. La présence constante de cellules embryonnaires aux extrémités des axes (dans les méristèmes) permet les remplacements des structures qui meurent et évite ainsi la disparition de l'individu porteur. Une telle aptitude n'existe pas chez les animaux. Alors les arbres dont il a été beaucoup question ici sont-ils, ou non, immortels ? En principe ils peuvent être considérés comme tels mais leur disparition, toujours possible, est en général le fait d'agressions extérieures : actions de l'homme, feu, attaques par des pathogènes, gel, pollution… En résumé, comme l'indique Bruno Moulia (Directeur de recherche, spécialiste de biomécanique des plantes à l'INRAE de Clermont-Ferrand) le 18 février 2022 sur le site positivr.fr : « Les arbres ne sont pas programmés pour avoir une fin. Ils sont tout le temps capables de faire des cellules souches et sans arrêt de recommencer des jeunes arbres sur eux-mêmes ». Et au cours de l'émission télévisée intitulée “Le Génie des arbres” diffusée le 14 mai 2020 sur France 5 (20h 50), il ajoute : « Les arbres possèdent le secret de l'éternelle jeunesse, un rêve que l'homme poursuit inlassablement ».

Dans tout ce qui vient d'être dit, la multiplication végétative semble jouer un rôle prépondérant dans la perspective de l'immortalité des plantes. Avant de discuter davantage cette opinion, il peut paraître utile de rappeler rapidement les modalités et les conséquences de ce procédé de propagation.

* *

*

D'une façon globale, la multiplication végétative consiste à faire produire à un organe végétal tout ce qui lui fait défaut pour constituer une plante entière. Ainsi, à partir d'une feuille par exemple, on cherchera à obtenir des bourgeons puis des racines. Bien que se déroulant parfois naturellement (cas des ronces ou bien des bulbes et des tubercules notamment), ce processus est, la plupart du temps, tout à fait artificiel et mené par la main de l'homme. Seule cette démarche sera abordée ici.

Lorsqu'une plante a été sélectionnée pour diverses raisons, sa production en masse à l'identique ne peut pas être réalisée par reproduction sexuée. Une graine, ou plus exactement l'embryon qu'elle abrite, est un hybride des deux parents qui lui ont donné naissance. Il en va de même chez les animaux et dans l'espèce humaine : un enfant n'est jamais la réplique exacte et totale de l'un de ses parents. La seule issue pour multiplier des plantes à l'identique réside dans la multiplication végétative : elle court-circuite l'association de deux génomes et en multiplie un seul. Après avoir sélectionné une plante, le principe est de prélever dessus un organe. S'il est muni de bourgeons (un ou plusieurs d'ailleurs) on cherchera à lui faire produire des racines puisque la plus simple expression d'une plante est un bourgeon relié à une racine. Le bourgeon donnera ensuite naissance à une tige qui générera des feuilles et de nouveaux bourgeons. La racine se ramifiera pour assurer sa fonction de nutrition hydrominérale.

Le cas le plus fréquent, le bouturage, consiste à récupérer sur la plante sélectionnée un fragment de tige feuillée (appelé bouture), de le débarrasser en partie de ses feuilles pour limiter la transpiration et le dessèchement ultérieur. Cet organe est ensuite éventuellement traité à sa base par une "hormone de bouturage" (acide indole-3-butyrique ou AIB) puis installé sur un substrat horticole (ou du sable) maintenu humide. [Soulignons au passage que, bien qu'impropre en physiologie végétale, le terme d' "hormone" est souvent utilisé (par commodité) à la place de celui (plus convenable) de régulateur de croissance.] Si tout se passe bien, au bout de quelques semaines des racines apparaissent à la partie inférieure. La bouture enracinée peut alors être transplantée ; elle se développera en plante entière. Parfois des difficultés sont rencontrées : le moment du prélèvement n'est pas le bon, la bouture n'est pas dans un état physiologique adapté, les conditions extérieures ne conviennent pas… Un travail de recherche parfois long et délicat s'impose.

Une autre méthode, un peu comparable, évite le prélèvement sur la plante mère. Avec certaines espèces, le framboisier, la glycine, le chèvrefeuille… , il suffit de courber une tige vers le sol, de recouvrir une petite partie par de la terre (ou du sable) et de laisser l'extrémité du rameau non enfouie dressée. Sur la fraction de tige en terre, des racines se différencient. La partie terminale de la tige munie des racines néoformées peut être séparée de la plante mère : elle est désormais une plante autonome.

Le greffage est l'opération de prélèvement d'un petit fragment de tige (ou greffon) portant au moins un bourgeon suivi de son implantation sur un porte-greffe. Celui-ci se compose de la base d'une tige qui a été horizontalement sectionnée et restée en terre ; en fait il s'agit là d'un système racinaire. Une telle manipulation s'impose lorsque les propres racines de la plante à multiplier ne sont pas adaptées au terrain. Les rosiers notamment qui n'apprécient pas les terrains calcaires doivent être greffés sur des porte-greffes qui les tolèrent parfaitement. Le greffage est très souvent délicat parce qu'il existe de nombreuses incompatibilités entre le greffon et le porte-greffe. En outre la réalisation pratique demande une incontestable expérience.

Toutes les méthodes auxquelles il vient d'être fait allusion sont artificielles et requièrent l'intervention humaine. À côté d'elles, il en existe d'entièrement naturelles. Il a déjà été question des stolons de fraisier. Lorsqu'ils différencient des racines, le fragment de tige qui les porte et qui présente un bourgeon à leur niveau supérieur peut être isolé du pied mère : il correspond à un nouveau plant. Par ailleurs quelques plantes tel le *Kalanchoe daigremontiana* forment à la périphérie de leurs feuilles des plantules de petite taille qui, une fois récupérées, se développent sans difficulté en plantes entières.

Depuis les années 1950, un nouvel outil a modifié en profondeur la multiplication végétative des plantes : la multiplication *in vitro* ou micropropagation. Comme son nom le suggère clairement, elle s'effectue dans des flacons de verre (ou de matière plastique) qui contiennent un substrat nutritif solidifié (appelé milieu). La caractéristique fondamentale de cette culture particulière réside dans son total déroulement en conditions d'asepsie. Tous les éléments qui interviennent (milieu, outils de manipulation, végétaux…) doivent donc être préalablement stérilisés et les travaux menés dans une enceinte (hotte) constamment balayée par un courant d'air débarrassé de ses micro-organismes (par passage au travers d'un filtre). Il n'existe pas de milieu standard à cet effet. Pour chaque situation, sa composition nécessite des ajustements idoines. Cependant il est toujours constitué d'eau, de sels minéraux, de composés organiques (vitamines, sucre, "hormones végétales"…), éventuellement de substances spécifiques (charbon actif par exemple) et d'un agent de solidification (agar-agar le plus souvent). Les récipients destinés à recevoir le (ou les) fragment végétal (appelé explant) sont fermés pour éviter les contaminations tout en respectant les échanges gazeux indispensables entre l'intérieur du flacon et l'environnement extérieur. La désinfection de l'explant est fréquemment délicate : elle a pour but d'éliminer tous les contaminants naturellement présents sans altérer sa vie de façon irréversible. De l'eau de Javel, ou mieux de l'hypochlorite de calcium, sont employés à cet effet. Toutes ces précautions sanitaires se révèlent capitales parce que le milieu renferme des nitrates et du sucre que les micro-organismes utiliseraient pour leur multiplication. Celle-ci étant plus rapide que celle des tissus végétaux, elle aboutirait à un envahissement délétère de la culture de l'explant. Le premier objectif de la culture porte sur l'obtention de bourgeons. Comme dans toutes les manifestations d'organogenèse (= formation d'organes), un équilibre entre deux familles de régulateurs de croissance (= "hormones végétales" ou phytohormones) apparaît comme la clé du mystère. Lorsque le rapport des concentrations entre une auxine (une de ces familles d'hormones) et une cytokinine (une autre de ces familles) est en faveur de la première, seule la formation de racines est stimulée. Dans le cas inverse, uniquement celle des bourgeons l'est. Les problèmes rencontrés tiennent à la nature et aux quantités d' "hormones" à introduire dans le milieu. Chaque situation est particulière ; la mise au point du milieu peut parfois s'avérer longue et difficile. Une fois les conditions de la caulogenèse (= formation de bourgeons) établies (milieu plus riche en cytokinine qu'en auxine), les bourgeons obtenus (de 7 à 12 en moyenne) sont séparés les uns des autres et repiqués individuellement sur un milieu neuf de même composition que celui qui leur a donné naissance. Ce protocole est répété autant de fois que nécessaire pour atteindre une quantité déterminée. À l'issue de cette étape de multiplication (des bourgeons), le matériel est replanté sur un milieu de rhizogenèse (= formation de racines par excès de l'auxine par rapport à la cytokinine). L'apparition des racines signe la fin de la propagation *in vitro*. Les plantules vont alors pouvoir être repiquées en conditions traditionnelles de serre. Mais là encore des obstacles se présentent. Dans le conteneur de culture *in vitro*, l'humidité relative est très proche de 100 %. Tel n'est pas le cas dans une serre. Il est donc essentiel, dans cette phase de transfert en culture conventionnelle (ou acclimatation), de protéger du dessèchement les plantules issues de vitroplants. Placées sous un voile et arrosées régulièrement par brumisation, elles sont peu à peu libérées de leur film protecteur (une heure par jour au début, puis deux, puis trois…) avant de constituer des plantes entières identiques à celles provenant d'un bouturage classique. Quels sont alors l'avantage et l'intérêt de cette technologie plus lourde et forcément plus onéreuse que celle employée par les générations précédentes ? Sa supériorité tient à son efficacité : on obtient une dizaine de bourgeons toutes les trois semaines à chaque repiquage ! Quand on connaît la longueur de la durée des phases de bouturage, surtout chez les espèces ligneuses (les arbres), on comprend pourquoi des entreprises ont choisi ce mode de propagation.

Dans le cadre d'une propagation en masse, la modalité de multiplication végétative retenue dépend de l'espèce et des connaissances du moment. La multiplication traditionnelle des arbres pose encore de nos jours des problèmes parfois rédhibitoires. Les conditions de la culture *in vitro* ne sont pas maîtrisées pour toutes les espèces ni même pour tous les cultivars (variétés produites par l'action de l'homme) d'une espèce donnée. Pendant de nombreuses années, les diverses variétés de *Pelargonium* étaient cultivées sur des milieux de composition différente. Cette difficulté a été levée assez récemment. Quoi qu'il en soit, toutes ces technologies aboutissent à un résultat unique : les plantes récoltées au terme des opérations sont toutes des copies conformes de la plante mère. Le principe de la multiplication végétative est fort simple : des tissus sont prélevés sur un sujet et leurs divisions successives suivies de différenciations conduisent à un organisme complet. Dans ce processus, un seul ADN intervient : celui des cellules prélevées. En outre, il n'a aucune raison d'être modifié. Seuls des accidents de réplication (= multiplication de l'ADN) ou des incidences extérieures extrêmement rares (irradiations éventuelles) sont susceptibles de l'altérer mais le risque, qui existe certes, est absolument minime (probablement de l'ordre de 1 % au plus). Par conséquent, l'ADN des sujets issus d'une multiplication végétative est identique à celui du végétal dont une portion a été prélevée en vue de l'opération. Quant aux caractéristiques morphologiques, anatomiques et physiologiques des descendants, aucun facteur ne peut être soupçonné de les modifier. Par suite, les produits de la multiplication végétative constituent des répliques en tout point conformes au pied mère. L'ensemble de celles-ci qui forme une colonie d'individus tous identiques porte le nom de clone. C'est là une différence fondamentale avec la reproduction sexuée qui aboutit toujours – comme cela a été souligné précédemment – à des hybrides, sauf dans les cas (extrêmement rares) d'autofécondation. Cette donnée amène à se poser une question à la fois scientifique et philosophique : la multiplication végétative génère-t-elle des individualités nouvelles ou non ?

Certains affirment que tout sujet autonome détient le statut d'organisme unique, différent de tous les autres. Une telle conception implique de reconnaître les produits de la multiplication végétative comme des individualités distinctes les unes des autres et surtout de la plante mère. Elle est cependant fort discutable. En effet, tous ces végétaux, du parent à tous les descendants, possèdent exactement le même génome. Bien plus, ils proviennent de cellules d'un ascendant qui se sont divisées. Ils constituent donc une sorte d'extension, de prolongement viable, de cet ancêtre. Dans ces conditions, pourquoi ne pas les considérer comme le parent lui-même qui poursuit sa vie dans de "nouveaux costumes" ? Il est vrai qu'il est "à la fois le même sans être le même". Ce point de vue apparaît un peu comme l'accord, pourtant impossible *a priori*, entre Parménide et Héraclite, deux philosophes grecs présocratiques ayant vécu au Vème siècle avant notre ère. Tous deux n'ont eu de cesse d'exprimer des idées radicalement antagonistes. Pour le premier par exemple rien ne change jamais, tandis que pour le second tout change tout le temps. Un clone végétal est-il le symbole d'aucun changement ? Est-il la poursuite de l'existence d'un seul individu ? Est-il au contraire un organisme tout à fait différent de celui dont il est le descendant ? La querelle entre ces deux philosophes est loin d'être close ; le débat entre les deux conceptions de la nature relative aux entités obtenues par propagation asexuée se prolongera sans doute encore bien longtemps. Malgré tout, des observations semblent plutôt pencher en faveur d'une prolongation de la vie du parent qui, dès lors, peut être considéré comme immortel.

Lomatia tasmanica est un arbrisseau dont un seul exemplaire a été découvert en Tasmanie où il existe sous forme d'une colonie de plusieurs kilomètres de longueur. Bien que porteur de fleurs, il ne donne jamais de fruits et par conséquent jamais de graines. En fait il est triploïde (3 n chromosomes), ce qui le rend stérile ; les chromosomes normalement appariés se séparent en deux lots d'une seule unité lors de la formation des gamètes, ce qui n'est pas possible dans un contexte de triploïdie. La seule modalité de propagation de *Lomatia* est donc la multiplication végétative. Après que ses rameaux se détachent du tronc et tombent sur le sol, ils forment des racines. La tige reprend vigueur et une nouvelle plante, spontanément séparée du pied d'origine, se développe. Le processus se renouvelle soit à nouveau à partir du pied mère, soit à partir des plants secondaires et le clone prend peu à peu de l'importance. Le pied initial ne meurt donc pas : il poursuit son existence dans les sujets auxquels il a donné naissance.

Un autre exemple bien connu des jardiniers amateurs et professionnels est représenté par le drageonnage. Autour des cerisiers poussent très fréquemment de jeunes plants. Pendant longtemps l'imagination suggérait que des noyaux tombés sur le sol avaient généré ces pousses. En y regardant d'un peu plus près, en fouillant dans la terre pour chercher les racines, on a pu élucider le phénomène. Sur les racines de l'arbre, des bourgeons se sont formés et ont fonctionné, c'est-à-dire qu'ils ont rempli leur mission, à savoir la mise en place d'une tige feuillée, dénommée drageon dans ce cas. Celle-ci peut être séparée de la racine mère ; replantée elle génèrera un organisme tout à fait identique à l'arbre qui lui a donné naissance : la "tête" d'un clone. Sur le même principe s'est constituée une véritable forêt de peupliers faux-trembles dans l'Utah aux États-Unis. On estime à environ 40 000 pieds (40 000 troncs !) l'ensemble des plants nés de drageons à partir d'un arbre unique à l'origine. Ce clone, d'une population hors du commun, réparti sur près d'une cinquantaine d'hectares, âgé de 80 000 ans selon certains, a reçu le nom de "Pando" qui signifie "je m'étends" en latin.

Immortels alors les arbres ? Dans son "Plaidoyer pour l'arbre" écrit en 2005, Hallé affirme : « Les arbres meurent (…), mais les causes qui les font mourir sont toujours des causes externes : le vent, le feu, le froid, des pathogènes, un glissement de terrain ou la tronçonneuse de l'exploitant forestier. » Il reconnaît donc implicitement que les arbres sont immortels, ce qui les différencie des animaux, et de l'homme donc, qui eux sont destinés à mourir.

En dehors des arbres et des plantes vivaces d'une façon générale, les végétaux entrent en sénescence puis disparaissent. Le chemin qu'ils sont amenés à emprunter est rarement linéaire. Des épisodes rythmiques l'entravent bien souvent.

Les rythmes chez les végétaux

Ainsi qu'il y a été fait allusion dans l'introduction relative à la chronobiologie chez les animaux, les premières observations concernant les rythmes biologiques ont plutôt été effectuées sur des plantes. Il semble bien qu'en ce domaine Androsthène, un général d'Alexandre le Grand, en ait eu la primeur. Celui-ci note que des arbres d'Asie Mineure – dont apparemment il ne donne pas les noms – sont, chaque jour, soumis de façon régulière à des phases plus ou moins assimilables à des temps de "sommeil". A-t-il porté son regard vers des plants de tamarinier (*Tamarindus indica*) ou de *Bruguiera* ? Les premiers replient leurs feuilles avant la nuit et les déploient au lever du jour ; pour les seconds ce sont les fleurs qui accomplissent les mêmes mouvements. Dans son "Histoire des Plantes", le philosophe naturaliste grec Théophraste fait état des constatations d'Androsthène. Pendant longtemps elles ne paraissent pas retenir vraiment l'attention. Il faut attendre les descriptions de Linné, de Bünning et d'autres à propos de diverses manifestations rythmiques végétales – auxquelles il a déjà été fait référence – pour que celles-ci soient sérieusement prises en considération.

L'analyse du développement des êtres vivants se heurte à une difficulté majeure parce que celui-ci se déroule à la fois dans l'espace et dans le temps. Il est donc difficile de déterminer la part qui revient à chacun de ces paramètres dans cette phase. Bien souvent, seul le volet spatial est abordé : il est beaucoup plus simple à appréhender. Quoique… Parfois, la marque du temps est révélée par la présence de structures qui se sont mises en place progressivement. Il suffit de les observer pour suivre les conséquences de l'action du temps. C'est ainsi que l'on peut démontrer l'existence éventuelle de phénomènes rythmiques.

Pour éviter tout quiproquo et toute équivoque, il n'est peut-être pas inutile de s'arrêter un instant sur l'expression “phénomène rythmique”. Qu'entend-on au juste par cette formule ? Rythme est un terme qui est utilisé dans différents domaines : la musique bien sûr, la danse mais aussi la poésie, la communication orale… Alors en biologie, quelles sont ses acceptions ? Au sujet de la chronobiologie des animaux, il a été brièvement défini comme un “changement régulier”. Il convient sans doute de préciser un peu plus cette notion. Elle désigne la répétition, à intervalles de temps égaux ou presque, d'événements identiques ou très semblables. La durée qui sépare l'apparition de l'un d'entre eux avec la suivante correspond à un cycle. Comme chez les animaux, les rythmes des végétaux sont répartis en trois catégories. Les circadiens, les infradiens et les ultradiens sont respectivement ceux dont la période – c'est-à-dire la durée d'un cycle – est d'environ 24 heures (de 20 à 28 heures en fait), supérieure à 28 heures et inférieure à 20 heures. Dans un premier temps, les limites de 20 et de 28 heures peuvent être considérées comme un peu gratuites. Il n'en est rien. Elles ont été fixées après que les rythmes circadiens ont révélé présenter des caractéristiques absentes dans les autres catégories (infra et ultradiens). De plus, ils répondent à des cycles de lumière et/ou de température si la durée de ceux-ci est supérieure à 20 heures et inférieure à 28 heures. Et surtout, leur période est indépendante de la température contrairement à celle des infra et des ultradiens qui, elle, y est sensible. Toutefois la prudence s'impose face à ces généralités. Ainsi a-t-il été admis pendant des années que les rythmes circadiens ne caractérisaient que les eucaryotes (organismes dont le matériel génétique est enfermé dans un vrai noyau limité par une enveloppe nucléaire ou double membrane nucléaire). Or, un procaryote (organisme sans noyau et dont l'ADN est circulaire et non séparé du reste de la cellule), une cyanobactérie du phytoplancton océanique plus précisément, appartenant au genre *Synechococcus* absorbe les acides aminés de manière cyclique dont la période, insensible à la température, est de l'ordre de 24 heures. Par ailleurs, l'algue verte unicellulaire *Acetabularia* produit de l'oxygène photosynthétique selon un rythme circadien classique et donc, *a priori*, indépendant de la température. À côté de cela chez *Euglena gracilis*, une autre algue verte unicellulaire, l'activité d'une enzyme, la tyrosine amino-transférase, est soumise à un rythme ultradien ; elle devrait être sensible à la température. Et pourtant encyclopedie_universelle.fr-academic.com écrit à se sujet : « On sait aujourd'hui (...) que la période du rythme circadien de production d'oxygène par les cellules d'*Acetabularia* n'est pas compensée en température entre 15 et 25° C (...) et qu'à l'inverse la période du rythme ultradien d'activité tyrosine amino-transférase chez l'*Euglena gracilis* (...) est compensée. » La vigilance face à une généralisation un peu hâtive prévaut aussi dans un autre domaine, celui du déclenchement ou de l'entraînement des rythmes. Un point de vue était partagé sans discussion apparente à ce propos : les rythmes circadiens étaient stimulés par des cycles de lumière et/ou de température contrairement aux non circadiens. Or les phases de croissance de la tomate cultivée en journées longues de 14 heures d'éclairement ont une périodicité de

22 heures environ, même lorsque la photopériode est allongée ou bien quand la température est modifiée.

La mise en évidence des rythmes végétaux affronte donc très souvent des obstacles que l'observation permet parfois de contourner.

* *

*

Les manifestations de ces rythmes s'expriment à différents niveaux. À l'échelle de la plante entière par exemple, le méristème apical de la tige produit – et c'est là sa fonction – les feuilles avec, à leur base, un bourgeon qualifié d'axillaire. Entre deux surrections foliaires, le rameau de tige sous-jacent s'allonge jusqu'à la prochaine sortie de jeunes feuilles. En général tous ces phénomènes ne s'effectuent pas au hasard du temps : dans la majorité des cas, ils respectent une vitesse d'exécution régulière et immuable. Ainsi le liseron génère une feuille par jour tandis que la fougère-aigle donne, une fois l'an, naissance à un organe foliacé – appelé fronde. Par conséquent, le liseron, la fougère-aigle et la plupart des autres espèces fournissent des données spatio-temporelles : le temps peut être repéré par les feuilles. On peut ajouter à cette liste les conifères (sapins et épicéas) dont les troncs se ramifient chaque année en branches horizontales. En revanche, le *Zinnia* par exemple est beaucoup moins ordonné. Ses feuilles apparaissent de façon un peu aléatoire. Il en va de même avec le *Terminalia* qui produit des axes secondaires indépendamment du temps qui s'écoule. Par conséquent, le premier de ces deux groupes permet une "datation" puisque les phénomènes morphologiques y sont réguliers ; à l'inverse le second n'offre pas cette possibilité.

À un niveau structurel inférieur à celui de la plante entière, les tissus fournissent quelquefois, eux aussi, des informations relatives au temps qui passe. L'exemple le plus connu concerne les cernes d'accroissement visibles sur des sections de troncs d'arbres de régions tempérées. Disposé comme une sorte de manchon cylindrique à l'intérieur du tronc des arbres (ou des tiges de plantes herbacées) mais à proximité de l'écorce, se trouve un tissu mince entièrement constitué de cellules indifférenciées ; il s'agit donc d'un méristème. Appelé cambium libéro-ligneux, il génère, avec une grande régularité, du bois (ou tissu ligneux) vers l'intérieur et un autre tissu – nommé phloème – vers l'extérieur. Son fonctionnement contribue à la croissance en épaisseur de l'organisme. Mais il aboutit surtout à la mise en place de systèmes conducteurs. Dans le bois circule la sève brute et dans le phloème la sève élaborée (sève brute enrichie des sucres issus de la photosynthèse). Au printemps dans le bois le plus jeune le transport s'effectue sans difficulté. Dès l'été ce tissu devient moins bon conducteur mais, en revanche, plus résistant. Pendant tout l'hiver il cesse ses activités. Le bois de printemps ou bois “initial” correspond à la partie la plus claire du cerne tandis que celui d'été et d'automne ou bois “final” apparaît plus sombre. Un cerne d'accroissement comporte deux zones de teintes différentes. Se différenciant ainsi les uns des autres, il est possible d'évaluer l'âge du tronc de l'arbre en comptant le nombre de ces cernes. Cette méthode qui consiste à évaluer l'âge d'un arbre, selon ce principe, porte le nom de dendrochronologie. Toutefois cette grandeur peut ne pas refléter exactement l'âge de l'arbre. Plus on s'élève dans le tronc, plus son diamètre diminue : des cernes ont progressivement disparu. Seule une coupe transversale du pied de l'arbre peut donner une bonne idée de son âge. Tout ce qui vient d'être dit ne vaut que pour le groupe des végétaux dicotylédones (ceux dont l'embryon dans la graine porte deux cotylédons). Les monocotylédones (un seul cotylédon) ne possèdent pas de cambium, ni tronc au sens biologique. Leur axe principal ou stipe présente une structure différente.

Après les observations réalisées à l'échelle de la plante entière puis à celle des tissus, l'exploration au niveau cellulaire permet éventuellement de récupérer des informations à propos des incidences du temps sur les organismes. Les amyloplastes sont des structures (on dit des organites) qui, dans les organes de réserve stockent de l'amidon. Les tubercules de pomme de terre constituent un matériel de choix pour les observer. Une simple coloration au Lugol suffit pour cela. L'accumulation d'amidon dans ces organites se fait à partir d'un point appelé hile. Elle se déroule par cycles. Les dépôts successifs sont matérialisés par des marques appelées stries de croissance. L'observation de ces dernières donne des indications sur le temps qui s'est écoulé.

Qu'apportent réellement toutes ces démarches ? Tout d'abord elles incitent à se poser la question de l'origine des structures périodiques constatées. Le développement d'une tige feuillée oriente vers l'interprétation du fonctionnement du méristème apical. La formation des cernes visibles sur une coupe de tronc d'arbre oriente vers la recherche d'informations concernant l'activité du cambium. La stratification des amyloplastes de tubercule de pomme de terre pose le problème de la synthèse de l'amidon. Mais en dehors de ces interrogations relatives à des données générales de physiologie végétale, le sujet de la recherche de l'existence possible d'une relation entre l'espace et le temps subsiste. À cet égard, il est probablement judicieux de rappeler qu'en climat tempéré, le cambium fonctionne par années. Or, au début de sa reprise d'activité, les cellules produites ont une taille supérieure à celles mises en place à la fin du cycle. Ainsi un gradient décroissant de dimension s'installe-t-il entre les bois initial et final. Par ailleurs, il a été démontré que la largeur du cerne est fonction de différents facteurs mais surtout des conditions climatiques rencontrées au cours de sa formation. À partir des résultats de la dendrochronologie, il devient possible d'imaginer dans de bonnes conditions les climats passés et de dater de très anciens événements. Néanmoins, il faut avoir à l'esprit que ces déductions ne peuvent être effectuées qu'avec les espèces des zones tempérées. Dans les régions tropicales et équatoriales, les rythmes de développement des plantes diffèrent totalement et les cernes des coupes de troncs d'arbres n'ont ni le même aspect, ni la même signification. Souvent des facteurs endogènes interviennent dans ces phénomènes et perturbent en profondeur les diverses manifestations biologiques. Quant aux stries successives des amyloplastes de tubercules de pomme de terre, requièrent-elles toujours la même durée ? Seule cette information permettrait de considérer la striation comme un marqueur temporel.

En plus de leurs marques au niveau des structures, les rythmes végétaux se manifestent sur la physiologie des organismes. La photosynthèse notamment qui, par définition, dépend de l'apport lumineux, connaît des oscillations quotidiennes et annuelles. Il en va de même en ce qui concerne les processus étroitement liés que sont transpiration et absorption de l'eau et des sels minéraux. D'une façon générale la croissance des organes – et par suite de la plante entière – comprend, elle aussi, des phases cycliques. Grâce aux moyens technologiques d'analyse fine et d'interprétation rigoureuse disponibles actuellement, il a été possible de montrer que l'élongation résulte d'une association complexe de plusieurs phénomènes rythmiques. Aussi, comme l'indiquent Claude Hartmann, Claude Joseph et Bernard Millet dans leur ouvrage intitulé "Biologie et physiologie de la plante (1998), « le tracé de la courbe exprimant la taille de l'organe au cours du temps est loin de ressembler à la courbe sigmoïde reproduite habituellement dans les manuels traitant de la croissance des plantes ! » Une autre manifestation physiologique mérite l'attention : la croissance des tiges grimpantes volubiles, c'est-à-dire de celles qui s'enroulent autour d'un support. Ces tiges s'allongent plus rapidement la nuit que le jour. L'apex est animé d'un mouvement circulaire régulier autour du tuteur qui est la conséquence, là encore, de plusieurs événements périodiques. Comment ne pas citer également les mouvements des stomates qui s'ouvrent le jour et se ferment la nuit ? Comment faire abstraction de l'étalement des pétales de certaines espèces à des moments parfaitement réguliers ? Ils ont permis à Linné d'entrevoir la possibilité de créer, sur ce principe, une horloge florale dont il a déjà été question. Enfin, l'évocation d'un phénomène particulier, le métabolisme acide crassulacéen ou métabolisme CAM (pour *crassulacean acid metabolism*), constituera une illustration supplémentaire des activités physiologiques rythmiques. Il s'agit d'un type de photosynthèse propre aux plantes succulentes (cactées, euphorbes…), appelées parfois, mais à tort, plantes grasses (elles ne contiennent pas de graisses). Il a été découvert chez le *Kalanchoe* appartenant à la famille des Crassulacées (d'où son nom). Ces plantes vivent dans des milieux où la disponibilité en eau est très faible (déserts éventuellement). Elles possèdent des feuilles et des tiges adaptées à cet environnement : pour limiter les déperditions hydriques les stomates sont peu nombreux et la cuticule est épaisse. Ces plantes CAM accomplissent une séparation temporelle entre la fixation du gaz carbonique réalisée la nuit et son utilisation ultérieure menée à bien le jour. En effet, chez ces plantes – contrairement aux autres – , les stomates sont ouverts uniquement la nuit. La température nocturne est inférieure à celle de la journée et l'humidité relative est plus importante à ce moment. L'absorption du gaz carbonique donne naissance à de l'acide malique qui est stocké dans les vacuoles. Le jour, celui-ci est décarboxylé, c'est-à-dire qu'il libère le gaz carbonique préalablement fixé. Ce gaz entre dans un cycle de transformations qui nécessitent de l'énergie, laquelle est fournie par la lumière. C'est pour cette raison que cette utilisation du gaz carbonique n'a pas lieu la nuit à la suite de sa fixation. Tous ces exemples laissent à penser que les rythmes pourraient constituer des réponses aux seules variations périodiques extérieures. En est-il vraiment ainsi ?

Incontestablement les paramètres environnementaux varient de façon périodique. La terre effectue une rotation sur elle-même en 24 heures, tourne autour du soleil en une année… Les plantes sont affectées par ces changements rythmiques ; elles réalisent certaines étapes de leur développement de manière régulière en adoptant ces mêmes périodicités. Cependant, à côté de ces phénomènes qui suivent des rythmes journaliers ou annuels par exemple, il en est beaucoup d'autres, périodiques eux aussi, dont la fréquence est bien différente de celle des facteurs extérieurs. L'idée d'une composante endogène est venue, peu à peu, aider à la compréhension des diverses situations. Il est désormais admis que dans tout rythme, celle-ci existe et qu'elle est associée à une autre de nature exogène. Cette conception a été étayée par des observations réalisées sur des échantillons végétaux embarqués dans des vaisseaux spatiaux qui tournent autour de la terre en 2 heures environ. Des processus qui, sur terre, respectent une périodicité de 24 heures conservent ce rythme. Par ailleurs, en cultivant un clone en conditions parfaitement contrôlées et maîtrisées, les phénomènes rythmiques se manifestent de manière identique entre les multiples sujets. En revanche, à partir d'une population non clonale, les périodes des événements pris en compte changent un peu pour les différents individus. Ces résultats prouvent l'incidence d'une composante endogène du rythme et donc du génome. L'existence de cette dernière a été définitivement démontrée par l'identification chez le champignon *Neurospora*, de gènes impliqués dans la régulation de la rythmicité circadienne.

Chez les végétaux bien d'autres manifestations rythmiques bien connues traduisent, certes, les effets du temps qui passe mais avec des réponses dépendant du génome. Elles montrent par ailleurs que la sénescence n'aboutit pas obligatoirement à la mort des individus. La chute des feuilles et la dormance en sont des exemples.

* *

*

Dans les zones à climat tempéré, quand vient l'automne, les feuilles de nombreux arbres se parent de couleurs pourpres, rouges, orangées, jaunes… Un peu plus tard elles se détachent des branches, tournoient dans l'air avant de se poser sur le sol. Pourquoi toujours à cette période et quels sont les mécanismes mis en jeu dans cette chute appelée abscission ?

Les arbres qui perdent leurs feuilles sont qualifiés de décidus ou de caducifoliés par les spécialistes. Il est plus simple, et moins pédant, de les appeler arbres à feuilles caduques. Leurs feuilles possèdent des capteurs photosensibles qui réagissent à la diminution de la durée du jour automnal, laquelle correspond en fait à une forme de stress. Or, en réponse aux différentes agressions, les plantes produisent de l'éthylène considéré comme l' "hormone de stress" justement mais aussi comme l' "hormone de la sénescence". Rappelons à cet égard que l'éthylène est produit en grandes quantités par les fruits climactériques au cours de leur maturation (phase de sénescence). L'éthylène synthétisé en réaction au raccourcissement de la durée du jour induit alors la sénescence des feuilles. D'ailleurs, il est bien connu qu'un arbre situé devant un lampadaire allumé en fin de journée et pendant la nuit, perd d'abord ses feuilles dans sa moitié non ou peu éclairée. Cette entrée en sénescence se matérialise par la destruction des chlorophylles et donc la disparition de la coloration verte de ces organes. Dans le même temps d'autres couleurs apparaissent. Beaucoup pensent qu'elles résultent de nouvelles synthèses. Il n'en est rien ! Ces teintes étaient présentes dans les feuilles, mais étaient masquées par les chlorophylles ; en l'absence de celles-ci, elles manifestent désormais leur présence. À partir de ce moment, les processus sont tributaires d'un équilibre entre l'auxine (une autre "hormone végétale") et l'éthylène. Ce dernier semble activer des réactions enzymatiques qui aboutissent à la destruction des parois des cellules situées à la base des feuilles sénescentes ; l'auxine a plutôt tendance à s'y opposer tout en stimulant en outre la synthèse éthylénique. Lorsque les quantités d'éthylène produit seront en excès, le pétiole qui assure la fixation de la feuille sur le rameau ne sera plus retenu et la feuille tombera. Pendant longtemps une autre "hormone" a été considérée comme responsable de la chute des feuilles : l'acide abscissique. Ce composé tient son nom de son implication, admise par tous autrefois, dans l'abscission. Inhibiteur bien connu de la croissance végétale, augmentant en quantité juste avant la chute des feuilles, il constituait le facteur primordial du phénomène. Il est plutôt tenu aujourd'hui pour un effecteur secondaire. Sous l'influence de l'éthylène, il s'accumulerait à la base du pétiole où il contribuerait à la formation de la zone d'abscission. Sur le sol, ce n'est pas un organe mort qui se dépose : il est seulement sénescent. Certes sa vie cessera rapidement puisqu'il ne bénéficiera plus, dès lors, d'approvisionnement nutritionnel. Il ne faut pas voir dans cette chute des feuilles une sorte d'affaiblissement, de décadence de l'arbre. Non ! Bien au contraire ! L'abscission correspond à une protection par économie. Le tronc ligneux et ses ramifications sont plus résistants aux basses températures que les feuilles qui sont riches en eau. De plus, si les feuilles restaient en place, pour continuer à vivre, elles auraient, des besoins énergétiques alors que, dans cette période, l'efficacité de la photosynthèse est réduite (basses températures). C'est donc bien une mesure d'économie que représente la chute des feuilles. Toutes les espèces ne sont pas soumises à ce phénomène, même en régions au climat modéré. Certaines d'entre elles ne perdent pas leurs feuilles, surtout si elles sont de petite taille et recouvertes d'une cuticule un peu épaisse. Ces végétaux sont dits à feuilles persistantes (ou appelés espèces sempervirentes). Toutefois, elles en perdent, malgré tout, une partie. La majorité des conifères se trouve dans ce cas. En plus de ces catégories, il en existe une autre : celle des espèces à feuilles marcescentes. Les feuilles meurent sur le pied et tombent lorsque les nouvelles se forment.

À côté de la chute des feuilles, un autre phénomène rythmique particulier peut retenir l'attention : la croissance par vagues successives à laquelle est lié le processus de la "dormance". L'hiver, sous nos climats tempérés, les bourgeons des arbres "se reposent". Ils ne mettent plus de feuilles ni de bourgeons axillaires en place. Dès l'arrivée du printemps, leurs activités reprennent jusqu'à l'automne suivant. Tous les ans ce phénomène se renouvelle : il est donc bien rythmique. Pendant longtemps, cette sorte de léthargie a été imputée à la seule baisse des températures. Une telle interprétation se justifiait par l'incidence négative des basses températures sur les réactions enzymatiques. Mais des résultats expérimentaux ultérieurs ont démontré son inadéquation. En effet, si à la fin de l'été, des arbres (relativement jeunes pour des raisons de taille) sont placés dans une enceinte (ou une serre) éclairée (16 ou 24 heures par jour) et maintenue à une température constante de 20 ou 25° C, leurs bourgeons demeurent au repos bien que les conditions de croissance soient favorables. Cependant si, malgré tout, quelques bourgeons croissent, leur localisation n'est pas habituelle (au niveau du collet et non aux extrémités des rameaux). De plus, si ceux-ci donnent naissance à des axes, leur élongation est très vite interrompue. Par ailleurs, sur des arbres témoins laissés dans la nature, subissant donc le froid hivernal, de nouvelles feuilles émergent dès la fin de l'hiver. Ces observations tendent à prouver qu'une fois la croissance stoppée à la fin de l'été, sa reprise au printemps nécessite un passage au froid. Les basses températures n'apparaissent plus alors comme des inhibiteurs de la croissance mais, au contraire, comme des facteurs favorables. Or cet effet du froid est assez complexe. Au lieu de laisser agir le froid naturel de l'hiver, on peut placer les arbres d'octobre à février en chambre froide (5° C). Dès leur retour à 20 ou 25° C, de jeunes feuilles deviennent visibles et en tous points comparables à celles formées dans la nature. En revanche, lorsque le séjour en chambre froide est écourté (quelques semaines seulement) la reprise d'activité est faible, désordonnée, anormale en un mot. En résumé pour que l'inertie installée à la fin de l'été soit levée, les arbres ont un réel besoin de froid. Et si celui-ci est insuffisamment réalisé, la restauration du potentiel de croissance sera incomplète. Ces considérations soulèvent un certain nombre d'interrogations. En quoi consiste l'inertie de développement qui se met en place à la fin de l'été alors que les conditions environnementales ne sont pas vraiment défavorables ? Peut-on parler d'un état unique d'inertie qui s'oppose à la croissance ou bien existe-t-il des degrés plus ou moins importants de celui-ci ? La levée de l'inertie est-elle seulement obtenue par le froid ou bien des facteurs vicariants peuvent-ils le remplacer ? Pour comprendre ce processus rythmique d'inertie et de croissance ultérieure dans lequel le froid joue un rôle essentiel, il faut essayer de répondre à ces questions.

En premier lieu, il est indispensable de savoir si l'inactivité d'un bourgeon fait réellement partie d'un processus régulièrement répétitif. Ainsi, chez un certain nombre d'espèces, lorsqu'une tige feuillée s'allonge, donc quand son bourgeon terminal fonctionne, les bourgeons axillaires sous-jacents restent, eux, au repos. Mais si le bourgeon terminal est éliminé, les axillaires les plus proches entrent en action très rapidement. Par conséquent, leur inertie procède de la présence du bourgeon apical : il s'agit là d'une inhibition corrélative (ou corrélation négative) entre deux types de bourgeons ; elle porte le nom de dominance apicale. Il semble que cette situation résulte du flux nutritif (eau, sels minéraux, composés organiques, "hormones"...) qui est dirigé en masse vers l'extrémité du rameau et prive, de ce fait, les structures proches qui sont ainsi incapables de se développer. Il est clair que ce phénomène ne présente aucun caractère rythmique. Il souligne la prudence dont l'expérimentateur doit faire preuve en observant des bourgeons au repos : ils ne sont pas tous, tant s'en faut, destinés à entrer dans un processus cyclique.

Outre la dominance apicale, d'autres corrélations peuvent empêcher la croissance. Parfois, chez des plantes connues pour être soumises à la dominance apicale, l'ablation du bourgeon terminal ne stimule pas le débourrement des axillaires. En revanche la suppression des feuilles le permet : c'est là une autre modalité d'inhibition corrélative. De plus, la partie du rameau tout juste sous-jacente au bourgeon exerce elle aussi quelquefois une corrélation sur l'apex. Aussi l'étude de la dormance – phénomène rythmique – se révèle-t-elle particulièrement difficile : le risque de confondre des activités régulières répétitives avec des corrélations est grand. Quoi qu'il en soit, des tests ont été mis au point pour suivre l'état de dormance des bourgeons. Ceux-ci sont prélevés avec un fragment aussi réduit que possible de l'axe porteur. Ces échantillons sont placés sur un substrat horticole (ce qui justifie la présence d'une portion de tige) régulièrement humidifié, dans une enceinte à 15 ou 20 degrés (températures favorables à la croissance végétale). Le débourrement est défini par l'apparition d'un point vert (dû aux très jeunes feuilles) au sommet du bourgeon. En fonction du temps, sur ces modèles d'étude appelés "boutures de nœuds", le pourcentage de débourrement est évalué. La durée nécessaire pour que tous les bourgeons débourrent est elle aussi relevée, tout comme le "temps de latence", c'est-à-dire la durée précédant le débourrement du premier bourgeon. Le délai moyen de débourrement ou DMD qui correspond à la moyenne arithmétique des délais individuels est aussi déterminé… En associant toutes ces grandeurs et en ayant conscience des imperfections des systèmes expérimentaux, les spécialistes sont quand même parvenus à mettre en évidence les mécanismes très probablement impliqués dans la dormance. À propos de cette dernière, il convient de bien distinguer les facteurs d'entrée et de sortie qui ne sont pas, comme cela a été imaginé très tôt, simplement contraires les uns aux autres.

Si des arbres, prélevés dans la nature en mars (fin de leur période de repos), sont maintenus en serre à 10-15° C et en jours longs (16-24 heures de lumière par jour), ils génèrent une pousse. Au bout d'environ 3 semaines, à son extrémité se forme un bourgeon écailleux qui bloque totalement la suite de la croissance de son axe porteur : isolé avec un fragment de rameau sous-jacent, il est capable de débourrer. Des corrélations (dominance apicale et inhibitions foliaires) sont donc à l'origine de l'arrêt de la croissance. Cette situation se maintient pendant 2 à 3 semaines et au terme de cette période, les boutures de nœuds perdent l'aptitude au débourrement. Le repos de la plante entière dure lui pendant plus de 6 mois. L'application d'un traitement par le froid raccourcit de moitié ce délai. Tout se passe donc comme si une température de 10-15° C était susceptible d'induire la croissance d'une pousse – siège d'inhibitions corrélatives – puis l'entrée en dormance (les boutures de nœuds ne débourrent plus) et enfin la sortie de cette phase d'inertie. Mais comme toutes ces expressions morphologiques se manifestent dans des conditions environnementales constantes, il y a lieu d'admettre que le comportement des rameaux est sous la dépendance de facteurs indépendants de l'extérieur, donc endogènes, d'une périodicité d'une année environ. Si l'expérience est menée non plus à 10-15° C mais à 25° C, l'élongation de la pousse feuillée dure plus longtemps : de 2 à 4 mois (au lieu de 2 à 3 semaines). Par ailleurs le bouturage de nœuds pratiqué avec le bourgeon terminal conduit à un débourrement plus rapide. Par conséquent, bien que la plante entière soit au repos, les nœuds isolés ne le sont pas. Cela signifie que l'inertie des arbres en question résulte d'inhibitions corrélatives. Elles s'expriment cette fois à longue distance parce que la défoliation complète effectuée après l'arrêt de la croissance le démontre. Contrairement à la température de 10-15° C, celle de 25° C est incapable d'induire une entrée en dormance.

À la lumière de ce qui vient d'être décrit, contrairement à une idée largement répandue, les facteurs climatiques ne conditionnent pas totalement la dormance. Ils pondèrent, certes parfois beaucoup, l'intensité et la durée du repos. Les températures – comme cela vient d'être dit – interviennent, mais de manière complexe, sur ce phénomène. La durée de l'éclairement journalier est considérée par de nombreux spécialistes comme l'inducteur essentiel, sinon unique, de l'entrée en dormance. Ils s'appuient pour cela sur des expériences menées avec des saules et des bouleaux cultivés à une température fixe de 25° C (favorable à la croissance), soit en jours longs (16 heures), soit en jours courts (9 heures). Seuls les seconds cessent de croître après avoir formé rapidement (en moins de deux semaines) des bourgeons terminaux écailleux. Toutefois ces situations se révèlent réversibles en supprimant divers organes agissant de façon corrélative. Mais si de telles interventions ne sont pas effectuées rapidement, l'état devient irréversible et prend donc alors toutes les caractéristiques d'une dormance. Enfin la sécheresse apparaît aux yeux de certains comme un agent – sinon l'agent – de la levée de dormance, mais jusqu'à présent aucune preuve indiscutable ne l'a démontré. Bien entendu les "hormones" ont été soupçonnées de tenir un rôle important dans l'inertie temporaire et rythmique des arbres. La difficulté de l'expérimentation en ce domaine tient au site exact où les dosages doivent être réalisés. Sont-ce les bourgeons, les seuls méristèmes, les portions de tiges sous-jacentes aux bourgeons… qui constituent les lieux à analyser ? Par ailleurs, présentes en quantités infimes, ces substances sont délicates à quantifier. Cela étant, des travaux ont porté sur les "hormones" et autres substances inhibitrices de croissance (acide abscissique, composés phénoliques…) pour chercher à savoir si un enrichissement en ces composés induisait et maintenait l'inertie. En parallèle, des démarches ont été entreprises au contraire, sur les inducteurs de croissance (gibbérellines en particulier) en soupçonnant que la faiblesse de leurs teneurs pourrait expliquer l'état de repos. À vrai dire, de tous ces nombreux résultats, aucun n'a pu fournir une interprétation généralisable à l'entrée et au maintien de la dormance.

La sortie de cette phase de repos semble, *a priori*, plus simple à comprendre. Dans les régions à climat tempéré, la responsabilité de l'élimination de la dormance est, dans la très grande majorité des cas, attribuée au froid de l'hiver. Cette conception s'appuie sur une observation toute simple. De jeunes arbres entrés en serre à 20-25° C en septembre demeurent en repos constant. Mais si avant ce traitement "chaud" on les soumet à une température de 0 à 5° C pendant une dizaine de semaines, ils débourrent très rapidement. En suivant l'intensité de la dormance *via* le DMD en fonction du temps, il est possible de distinguer quatre périodes. De fin août à début octobre, le DMD augmente rapidement, matérialisant ainsi l'entrée en dormance. Dans un deuxième temps, jusqu'au début de décembre, ce délai moyen de débourrement est maximum, ce qui correspond à l'inertie la plus élevée. Puis dans une troisième phase, jusqu'à la fin janvier, le DMD diminue rapidement, concrétisant ainsi une forte baisse de la dormance. Enfin jusqu'à la fin mars, sa chute est beaucoup plus lente : c'est au cours de cette période que la dormance disparaît totalement ; les premières feuilles sortent des bourgeons à la mi-avril. Toutefois le problème se complique dès que la valeur des températures froides baisse. Légèrement négatives (-3 à -5° C), ces dernières sont un peu moins efficaces pour lever les inerties que celles qui sont tout juste positives (0-5 ° C). La vitesse des réactions métaboliques étant fonction de la température (elle s'élève quand cette dernière augmente) il n'est guère surprenant que les températures négatives se révèlent biologiquement moins actives (que celles qui sont un peu supérieures) pour supprimer la dormance.

Pour affiner les connaissances et tenter de mieux comprendre les phénomènes, des succédanés du froid ont été recherchés pour essayer de lever la dormance. La sécheresse a pu être parfois considérée comme un facteur vicariant du froid à cet égard. Les travaux ne sont malgré tout, pas très nombreux en ce domaine et sont quelquefois discutables. Il en va ainsi par exemple pour le lilas. Par le passé, une manipulation appelée "forçage" du lilas consistait à associer sécheresse et traitement chimique. Récoltés à la fin de l'été, les arbres étaient placés dans des pots contenant un substrat horticole non arrosé, et stockés sous des hangars couverts. Peu après la chute des feuilles, le matériel est entré dans une chambre où il est soumis à une application d'éther éthylique. Deux jours plus tard, il est installé dans des serres chauffées (25° C) où il est arrosé. Au bout de trois semaines les fleurs se forment mais, quelle que soit la variété utilisée, elles sont toutes blanches parce que les pigments habituels ne sont pas synthétisés à une température aussi élevée. L'apport d'éther a été ultérieurement supprimé ; les expérimentateurs ont conclu que la succession sécheresse-arrosage abondant avait levé la dormance, situation ayant abouti ensuite à la mise à fleurs. Pour le moins, ce point de vue mérite d'être nuancé. Est-on réellement en présence d'un processus de dormance qui, par définition, n'est rien d'autre qu'une croissance végétative, ou bien est-on face à un exemple de vernalisation, processus de développement et non plus de simple croissance ? La vernalisation est la nécessité indispensable d'un traitement par le froid pour la floraison de certaines espèces. Ce besoin absolu peut cependant être remplacé par une hypoxie (diminution de la disponibilité en oxygène de l'atmosphère) ou par la sécheresse ou encore par d'autres facteurs. Il n'en est pas moins vrai que l'hypoxie peut également contribuer, dans une certaine mesure, à l'élimination de la dormance ; Jean-Luc Regnard, professeur à Montpellier SupAgro, a, par exemple, mis en évidence cette propriété chez le peuplier.

Le temps qui passe porte donc sa marque sur les végétaux sous différentes formes. Elle aboutit à admettre qu'à l'image des animaux, et de l'homme notamment, les plantes fonctionnent selon une organisation temporelle qui sépare les activités de la cellule et celles de l'organisme tout entier. Ainsi la cellule, mais aussi la plante, ont besoin d'énergie pour vivre. Elles la trouvent dans l'énergie lumineuse qu'elles sont capables de transformer en énergie chimique utilisée pour satisfaire les réactions métaboliques. Hartmann *et al.* (1998) comparent cette situation à une « zone industrielle ». Si toutes les usines du site travaillent en même temps dans la journée, l'alimentation énergétique (électricité) devra être très importante. Mais si certaines sont en activité la nuit et d'autres le jour, les besoins seront plus étalés dans le temps ; à chaque instant la demande sera inférieure à ce qu'elle était dans le contexte précédent. Il en va de même pour le végétal qui, selon le moment de la journée, doit satisfaire des besoins de certaines de ses cellules ou bien ceux d'organes différents. Son organisation temporelle permet de diminuer sa demande, de faire des économies en quelque sorte. Au-delà de ce point de vue matériel, grâce à cette répartition de ses exigences au cours du temps, la plante est mieux armée pour s'adapter à de nouvelles conditions environnementales. Dans le même ordre d'idée, il n'est pas illusoire de penser qu'elle est en mesure de résister plus efficacement à des agressions de toutes sortes. D'ailleurs il est bien connu que l'orme par exemple est plus sensible à des infections de mai à juillet.

Cet argument peut, bien évidemment, être débattu en soutenant que ce n'est pas l'arbre qui est plus résistant l'hiver, mais que ce sont les micro-organismes pathogènes (pour lui) qui sont moins agressifs à cette période. En plus, la programmation temporelle des activités est fort utile aux professionnels. La production végétale peut parfaitement l'exploiter : en connaissant la durée des différentes phases du développement des plantes qu'il cultive, l'horticulteur ou le maraîcher de serre peut organiser ses semis et ses récoltes. Mieux, il pourra produire à contre-saison, ce qui, du point de vue commercial, constitue un avantage important. Une question se pose alors : s'il est possible de gérer la croissance et le développement des végétaux au cours du temps, n'est-il pas possible d'arrêter ce temps et même de l'inverser pour le maîtriser davantage ?

Arrêter le temps, l'inverser ou éliminer ses effets ?

Dans un des développements précédents il a été montré que chez les animaux, le vieillissement comme l'appellent leurs spécialistes – ou la sénescence dans le langage des végétalistes – constituait la dernière étape de la vie. Au-delà, la mort est inéluctable. À propos de la sémantique retenue, il convient de souligner que, même au sujet des animaux, le terme de vieillissement est parfois rejeté. Dans "Gérontologie et Société" (2008, vol. 31/n° 125) Jacques Tréton, un gérontologue chargé de mission à l'AP-HP (Inserm) écrit à ce sujet : « Pour éviter toute ambiguïté je souhaite remplacer (…) le terme de "vieillissement" trop général et parfois inadapté, par celui de "sénescence" qui est plus précis. » La conception d'une mort inévitable précédée d'un vieillissement (ou d'une sénescence) ne s'applique pas au monde végétal ; ou du moins, elle ne le concerne que de façon très partielle. Les plantes qualifiées d'annuelles le sont parce que leur cycle s'effectue totalement sur une seule année. Semées au printemps (de manière naturelle ou *via* la main de l'homme), elles différencient un système végétatif (des feuilles) au début de l'été. Elles fleurissent ensuite (les professionnels disent « elles montent à graines ») au cours de l'été puis meurent. La laitue, les épinards et de très nombreuses autres plantes potagères respectent ce type de schéma. Mais est-ce à dire que ces espèces, dont les individus meurent en grandes quantités chaque année sont, de ce fait, appelées à disparaître à courte, moyenne ou longue échéance ? Pas du tout ! Juste avant de périr, elles ont produit des graines. Celles-ci sont tout à fait aptes à régénérer une plante de la même espèce. En revanche, toutes les graines sont différentes les unes des autres. L'embryon qu'elles renferment est un hybride de ses deux parents. Sauf dans le cas d'autofécondation où cette remarque n'a pas lieu d'être, les embryons obtenus après floraison présenteront des dissemblances que l'observateur moyen ne percevra pas. Elles peuvent porter sur la couleur du feuillage (d'un vert un peu plus sombre, d'un jaune moins présent...), sur l'intensité de la production, sur la taille de différents organes (qui échappent à l'œil non averti)...

Ce qui vient d'être dit à propos des plantes annuelles s'applique également aux espèces bisannuelles. La différence entre ces deux groupes porte sur le fait que le cycle des bisannuelles s'étend sur deux années consécutives. La première est destinée à installer uniquement un système végétatif qui, grâce aux feuilles et à la photosynthèse, va accumuler des réserves dans des organes dédiés. L'année suivante, celles-ci servent au développement d'une tige florifère qui produira des graines. À leur propos, des remarques identiques à celles formulées pour les plantes annuelles peuvent être à nouveau exprimées.

En revanche, les plantes vivaces – surtout les arbres – ne disparaissent jamais, sauf accident. Bien sûr, elles donnent aussi naissance à des graines (sujettes aux mêmes remarques que celles énoncées précédemment). Mais ce qui importe, c'est que l'individu ne meure pas après sa floraison. Il demeure et en plus il différencie des graines.

Que signifie alors “arrêter le temps” chez les plantes ? Pour le moment, limitons cette analyse aux seules espèces annuelles et bisannuelles. S’opposer chez elles à l’écoulement du temps correspond à les empêcher d’entrer dans la phase terminale de leur programme génétique : la sénescence. *A priori* il n’y a qu’une unique façon pour y parvenir : modifier le génome. Cette idée n’a rien d’incongru sur les plans scientifique et technologique. Les spécialistes de plantes transgéniques (c’est-à-dire des organismes génétiquement modifiés ou OGM) sont, sans aucun doute, capables de créer des végétaux dont l’ADN modifié ne pourrait plus effectuer sa dernière étape, celle de la sénescence. Le problème qui se pose, c’est le choix du (ou plus vraisemblablement des) gène à modifier. Or, qui dit sénescence dit éthylène, hormone de cette phase terminale du développement et également du stress. Il faudrait donc pouvoir inhiber sa biosynthèse en bloquant, par exemple, la production d’une enzyme qui intervient dans ce processus. Mais il convient dans le même temps de ne pas agir contre l’avis de certains groupes de pression. Aujourd’hui, les OGM ont mauvaise presse, surtout s’ils concernent des produits destinés à l’alimentation humaine. Cette solution semble donc difficile à retenir. Tout cela pour dire que même si des issues se profilent, leur mise en application se révèle impossible. À ce jour, il est par conséquent exclu d’envisager de s’opposer à la sénescence des espèces annuelles et bisannuelles.

Ce qui vient d’être affirmé appelle un réserve. En effet s’il n’est pas possible d’arrêter le temps, son ralentissement n’a rien d’utopique. Ainsi, dans l’espace, une horloge acquiert un rythme plus élevé que sur la terre ; à distance de cette dernière, l’attraction diminue et même disparaît, ce qui induit une accélération de sa cadence, conformément à la théorie de la relativité générale d'Einstein. Par ailleurs, selon la théorie de la relativité restreinte, il a été montré (caminteresse.fr du 24/04/2018) qu' "une horloge en déplacement rapide est plus lente qu'une horloge immobile". Pour étayer ce propos, il est dit que "des physiciens ont mesuré la durée de vie de muons (particules atomiques) au repos puis accélérés à 290 000 km/s. Les muons en mouvement avaient une durée de vie trente fois supérieure à celle des muons immobiles". Cela étant, les ralentissements escomptés du temps sont si infimes qu'ils passent totalement inaperçus aux yeux de l'homme. Ce n'est donc pas de là que viendra la possibilité d'éviter la sénescence. Il ne reste probablement que la science-fiction qui soit capable de manipuler le temps : elle l'a prouvé dans de nombreux scénarios qui demeurent, malgré tout, totalement imaginaires et surtout infondés.

Pendant de longues années on pouvait lire çà et là et on entendait les enseignants soutenir que les premiers organismes unicellulaires apparus sur terre étaient immortels. Ils se propageaient par divisions en deux cellules parfaitement identiques. Néanmoins, quelquefois des cellules différentes pouvaient apparaître. Cette variabilité leur a éventuellement permis de s'adapter aux changements perpétuels des conditions d'environnement. Avec les organismes pluricellulaires, cette scissiparité a fait place à une division asymétrique aboutissant à deux types de cellules différentes : le *germen* et le *soma*. Le premier participe exclusivement à la reproduction sexuée tandis que le second assure la formation et l'évolution des différents tissus constitutifs des individus. Selon Friedrich Leopold August Weismann (1889), la lignée germinale serait immortelle. Les descendances somatiques, mortelles quant à elles, connaîtraient la sénescence. Depuis les travaux de ce biologiste et médecin prussien, des résultats sont venus remettre en cause les conceptions de Weismann. Ainsi la levure, organisme unicellulaire, se divise de façon asymétrique en formant une grosse et une petite cellules. D'une certaine manière, elles peuvent être respectivement assimilées au *soma* et au *germen*. À côté de cela la bactérie *Escherichia coli* (colibacille) se divise en deux cellules semblables au plan morphologique, mais différentes du point de vue matériel génétique, ce qui induit la possibilité de sénescence dans la filiation.

Les plantes annuelles et bisannuelles ainsi que certains organes des plantes vivaces sont appelés à connaître forcément la sénescence. Celle-ci résulterait d'« une origine évolutionniste » pour reprendre les mots de Tréton. Mais « la sélection naturelle décline en fonction de l'âge de l'organisme et est négligeable à l'âge de la reproduction. » Cette sélection naturelle s'exprimera donc en fonction des caractéristiques d'évolution de la reproduction, lesquelles vont déterminer les conditions de la sénescence. Bien qu'appliqué à l'origine au monde animal, ce point de vue convient tout à fait aux végétaux. Pour diverses plantes telles que des arbustes, des espèces potagères (considérées souvent à tort comme des vivaces), ou ornementales… la taille et le niveau de reproduction sexuée croissent avec l'âge. Dans le même temps, la sélection naturelle s'adapte aux modifications environnementales. Bien qu'inscrite dans le génome, la sénescence tarde grandement à se manifester ; elle devient presque négligeable. Tréton l'attribue « à des processus continuels de réparation et de renouvellement cellulaires qui vont “masquer” la sénescence. » Mais pour la majorité des plantes annuelles, la croissance en longueur (et donc en hauteur) cesse en raison de la perte d’efficacité du renouvellement cellulaire. En outre, une fois que les fleurs ont été formées, il est assez rare que de nouvelles soient initiées. Dans ces situations, la sélection naturelle tiendra une place essentielle. Des conditions extérieures particulièrement défavorables pourront générer une mortalité très élevée, accompagnée (pour compenser) d’une fécondité supérieure à ce qu’elle était jusqu’alors. Ces changements se traduiront par une reproduction plus précoce, mais aussi par une durée de vie écourtée (ce qui signifie une sénescence plus rapide). À ce sujet, il y a lieu – une fois encore – de citer Tréton : « Les organismes sénescents n’existent pas dans les populations naturelles, car la sélection naturelle les élimine. » Enfin dans les cas de beaucoup de plantes bisannuelles, l’induction de la floraison (donc de la reproduction sexuée) va de pair avec la stimulation de la sénescence qui, accélérée et irréversible, conduit à la disparition de l’individu. On se trouve là en présence d’une sorte de suicide…

Une des questions qui se posait d’entrée se rapportait à la possibilité d’inverser le temps. Il faut comprendre par là “est-ce qu’avant d’entrer en sénescence, il est possible de revenir à un état antérieur” ? Si une telle possibilité existe, en répétant autant de fois que nécessaire cette sorte de “retour en arrière”, la sénescence ne pourra plus entraîner les individus vers la mort. Ainsi qu’il y a été fait allusion précédemment, en Occident le temps est plutôt perçu comme un phénomène linéaire évolutif et irréversible avec un début, la naissance et une fin, la mort. Les religions chrétiennes ont tendance à soutenir cette idée. En revanche, pour les religions et philosophies asiatiques le temps est un processus cyclique et infini. Il s'y déroule en alternance des périodes de destruction et de remise en état. Les cycles naturels des saisons, du soleil… interviendraient dans la reconstruction continue de notre Univers. La synthèse entre ces deux conceptions aboutit à concevoir le temps comme une sorte de spirale, c'est-à-dire une entité cyclique caractérisée par une direction. Il faut bien le reconnaître, ces points de vue et ces exercices intellectuels ne nous fournissent pas la clé d'une éventuelle possibilité de "retour en arrière". Était-il judicieux de s'intéresser à cette question ? Dans "L'irréversible et la nostalgie", Jankélévitch avait déjà écrit en 1974 : « Il n'y a pas de temporalité qui ne soit irréversible, et pas d'irréversibilité pure qui ne soit temporelle. » Toutefois, dans ce qui suit, à propos de la multiplication végétative des végétaux ligneux, la description des démarches destinées à retrouver les caractéristiques d'une physiologie antérieure seront abordées. Avant cela, il paraît important d'insister sur un principe dont il sera d'ailleurs question dans ce regard sur la propagation asexuée des arbres. Il est en effet indispensable de ne pas confondre deux notions : l'inversion du temps d'une part et l'élimination de ses effets d'autre part. Supprimer les actions antérieures du temps ne signifie absolument pas que l'on a pu entrer dans le passé. Non ! Comme il existe des moyens technologiques qui permettent d'induire des phénomènes qui devraient se produire plus tard, les scientifiques disposent d'outils (de gommes en quelque sorte) pour effacer les marques du temps qui s'est écoulé. Ainsi effectuer un "cernage racinaire" (opération qui consiste à découper les racines en creusant une tranchée tout autour d'un arbre) permet-il d'induire sa floraison sur un arbre qui n'a pourtant pas encore atteint sa maturité en ce domaine. Ce n'est en rien faire avancer le temps vers le futur. D'autres méthodes contribuent, elles, à éliminer les traces du passé et non le passé, en particulier lorsque l'on s'intéresse à la multiplication végétative.

* *

*

La multiplication végétative a déjà été définie ; les raisons de sa mise en œuvre ont aussi été exposées et les différentes modalités de sa réalisation décrites. Un seul problème, fondamental celui-là, n'a pas été pris en compte : l'âge du matériel à multiplier.

Mais avant toute chose, il semble opportun de se débarrasser d'une véritable confusion sémantique. On trouve dans différents rapports, dans divers articles, dans des journaux… les expressions "reproduction asexuée", multiplication sexuée, propagation végétative… Il convient de mettre un peu d'ordre dans ce vocabulaire appliqué au monde végétal. Par définition la propagation, est l'acte de se propager c'est-à-dire de s'étendre. Ce nom n'a absolument pas besoin d'être suivi d'un adjectif qualificatif. La reproduction est la méthode de propagation qui est obtenue à la suite d'un acte sexué. On la qualifie justement de "sexuée" – ce qui est un pléonasme – pour préciser (à ceux qui l'auraient oublié) qu'elle résulte d'une rencontre de gamètes de sexes différents. Enfin la multiplication est un terme réservé à la propagation sans intervention sexuée donc végétative. Là encore le qualificatif ne s'impose pas *a priori* mais il protège en cas d'usage peu ou pas contrôlé du vocabulaire. En résumé on peut (et même on doit) écrire et dire : la propagation est l'ensemble de la reproduction sexuée et de la multiplication végétative.

Une histoire illustre le rôle tout à fait primordial joué par l'âge de l'échantillon à multiplier. Elle concerne un arbre particulier : un platane planté par Buffon en 1785 au Jardin royal des plantes médicinales de Paris. Créé sous le règne de Louis XIII, ce domaine est devenu au XVIIIème siècle le Jardin des Plantes de Paris qu'il est toujours aujourd'hui. Cet arbre, un platane d'Orient (*Platanus orientalis*), n'a jamais été élagué. Haut de près de 30 mètres, il a développé une imposante ramification couverte à la belle saison d'un feuillage vert pâle. Sur cet arbre, l'absence de taille lui confère une morphologie naturelle. Sur les bords de routes en particulier, les ébranchages et les décapitations successifs concourent à donner aux sujets une allure bien différente de ceux qui n'auraient été l'objet d'aucune intervention. Par conséquent, l'observation du "platane de Buffon" comme beaucoup l'appellent, incite à envisager sa propagation tant son allure est majestueuse et rare. C'est ainsi que des scientifiques et des spécialistes de la multiplication végétative des plantes ont réagi après l'avoir admiré. Ils ont demandé aux responsables du Jardin l'autorisation de prélever quelques pousses pour entreprendre un processus de bouturage. Sur cet arbre qui n'a jamais vu de sécateur, de scie ou de tronçonneuse, le prélèvement d'organes est strictement interdit. Mais la manipulation, présentée comme une garantie pour l'avenir au cas où un accident serait fatal à ce platane, est finalement autorisée au terme de longues démarches administratives aboutissant à définir avec grande précision les limites à respecter. Le nombre de pousses à récolter est fixé à 12, leur longueur ne devra pas dépasser 10 centimètres. Elles devront être récupérées pendant la période de repos (entre novembre et mars) et surtout à la cime de l'arbre pour cacher, autant que possible, les endroits portant éventuellement des traces des récoltes. Enfin, pour éviter tout abus ou toute prise de liberté avec la convention d'autorisation de prélèvement, il est convenu que l'opération se déroulera en présence d'un des responsables du Jardin.

Une petite semaine avant le début des travaux, les scientifiques impliqués dans ce projet informent le Jardin de leur future venue. Le jour fixé, ils sont accueillis sur place par un des jardiniers-chefs qui les conduit au pied du platane À cet endroit se trouve un tracteur équipé d'une nacelle-grue qui permettra d'atteindre la cime de l'arbre, lieu de la récolte. Très rapidement les prélèvements sont effectués ; entouré de papier absorbant humidifié, le matériel végétal est aussitôt placé dans un sac isotherme. Les spécialistes regagnent alors leurs locaux et installent les boutures dans une cuvette contenant un mélange humide de sable et de terre, en ayant pris soin d'appliquer de l'AIB à la base de la moitié d'entre elles. Le dispositif est transféré dans une pièce climatisée (18° C le jour et 12° C la nuit) recevant 16 heures de lumière blanche par jour. Tous les deux jours, de l'eau est pulvérisée sur les boutures dont la base est observée avec une attention inquiète. Au bout d'un mois, puis de deux et de trois, aucun signe net ne matérialise une quelconque velléité de formation racinaire. Pourtant – mais très rarement cependant – une ou deux petites masses blanches deviennent visibles. Dans le meilleur des cas, elles aboutissent à donner naissance à un mince filament blanc qui peut faire penser à une ébauche de racine ; la plupart du temps, celui-ci se nécrose vite et disparaît. En revanche, sur la partie aérienne, des ébauches d'inflorescences traduisent le caractère mature du matériel. Il faut se rendre à l'évidence : la tentative de bouturage a échoué ! Or, il n'est pas envisageable de recommencer tant la demande de prélèvement de matériel a été laborieuse à mener à son terme. C'est pourquoi André Franclet, chercheur-forestier responsable de l'équipe qui gère ce projet, a l'idée d'éliminer les traces d'expression florale qui, sans le moindre doute, vont avoir tendance à épuiser les boutures. Cette manipulation toute simple est suivie d'une petite élongation de l'axe qui permet toutefois de prélever sa partie apicale pour constituer une nouvelle bouture. Celle-ci est alors traitée comme toutes les précédentes ; son comportement reste lui aussi identique, à savoir absence de rhizogenèse (= de formation de racines) mais présence de structures florifères. La suppression de ces dernières induit les mêmes conséquences que celles observées préalablement. Ce système de bouturage en cascade est ainsi renouvelé. À la septième étape les ébauches florales n'apparaissent plus, l'élongation se manifeste davantage et… des racines d'aspect tout à fait normal sont (enfin !) bien visibles. Comment expliquer ces phénomènes ?

À peu près dans le même temps, un résultat expérimental obtenu à partir d'un autre modèle apporte des éléments d'explication. Olivier Monteuuis, chercheur du groupe dirigé par Franclet, travaille sur le bouturage du séquoia géant (*Sequoiadendron giganteum* Buchholz). Il constate que, prélevées sur un sujet très jeune (d'une année par exemple), des boutures forment très aisément des racines. Mais quand elles proviennent d'un pied donneur de quelques dizaines d'années, la rhizogenèse y est moins importante. Elle est encore plus faible quand elles sont récoltées sur du matériel centenaire. Par conséquent, plus le plant mère est âgé, moins la capacité d'initier des racines est élevée. Tout se passe comme si le temps avait tendance à inhiber l'extériorisation de cette capacité organogénétique. De plus, des essais d'enracinement des boutures ont été réalisés sur les trois pieds mères à différentes hauteurs. Dans tous les cas, les boutures provenant de la base des arbres différencient plus de racines que celles issues de rameaux situés à mi-hauteur. Ce sont les boutures originaires des branches de l'apex qui, dans tous les cas, produisent le moins de racines. Il convient de noter que le gradient d'aptitude à la rhizogenèse observé entre les trois plants se conserve sur les échantillons récupérés à différents niveaux sur un pied donné. En d'autres termes, sur un pied d'une année, le matériel de la base du tronc est plus apte à former des racines que celui provenant d'un pied âgé d'une trentaine d'années. Ce dernier est quant à lui capable d'en produire davantage que les boutures venant d'un arbre séculaire. Ces résultats semblent *a priori* complètement antinomiques. L'âge a tout d'abord semblé constituer un facteur opposé à la rhizogenèse. Dans la seconde partie de l'expérimentation, les branches basses, celles qui ont été mises en place les premières et qui sont donc devenues les plus anciennes, paraissent les plus qualifiées dans cet exercice. Où est la logique dans ce processus ?

Pour bien comprendre cette notion délicate, il est indispensable de clarifier quelque peu la sémantique utilisée. Comme cela a été évoqué brièvement, les spécialistes des végétaux distinguent deux types d'âges en les qualifiant respectivement de chronologique d'une part et de physiologique d'autre part. Ils ne parlent jamais d'âge sans le qualifier, ce qui évite toute équivoque. L'âge chronologique correspond au sablier. C'est le temps qui s'écoule. Celui qui sème une graine d'une plante vivace en l'an 2000 a, en l'absence de tout accident, bien entendu, un végétal qui, en 2020, aura 20 ans ; c'est son âge chronologique. À côté de cela, l'âge physiologique fait référence à des aptitudes biologiques qui peu à peu se perdent au cours du temps qui passe. La première qui disparaît est l'aptitude à la rhizogenèse. Jan Doorenbos, professeur néerlandais de botanique à l'université de Wageningen, y avait fait allusion dès 1965. René Nozeran, Georges Ducreux et Line Rossignol-Bancilhon (du Laboratoire d'Étude et d'exploitation du polymorphisme végétal associé au C.N.R.S., Université Paris-Sud – Centre d'Orsay) le rappellent dans un article de 1982 (Bull. Soc.bot.Fr., 129, Lettres bot., 107-130). Ils indiquent de plus à ce sujet que pour le spécialiste hollandais des végétaux « la phase juvénile est caractérisée , outre ses particularités morphologiques, par sa grande potentialité de former des racines. » Ils poursuivent dans une autre direction en précisant que cette « phase juvénile » se caractérise également par une « impossibilité (…) manifeste de former des fleurs. » Aussi le critère aptitude à la rhizogenèse a-t-il été choisi comme marqueur de la première phase de développement des plantes appelée juvénilité. À l'opposé, lorsque le végétal initiera des fleurs traduisant son entrée en sénescence, il entrera dans un état qualifié d'adulte ou de mature.

Quelles sont les raisons de ce recours à un vocabulaire spécifique ? Il a eu pour but de distinguer, *via* la sémantique, ce qui avait rapport aux âges respectivement chronologique et physiologique. Est jeune ou âgé (on peut dire aussi “vieux”) ce qui fait référence uniquement au premier ; juvénile et adulte (ou mature) sont exclusivement liés pour leur part au second. Par conséquent, une structure juvénile sera capable de produire des racines quel que soit son âge chronologique. Si l’on applique ce langage au cas du *Sequoiadendron giganteum* dont il a été question précédemment, on dira que les branches basses sont “vieilles” ou “âgées” et juvéniles en même temps, tandis que celles de la cime sont jeunes et matures ou adultes. Mais comment comprendre qu’un organe âgé demeure juvénile alors qu’un autre jeune est mature ? Pour cela il faut avoir présent à l’esprit le mécanisme de la mise en place générale de la ramification. Elle résulte toujours du fonctionnement d’un bourgeon terminal : il produit sans cesse des cellules qui allongent la tige ou qui donnent naissance à un axe (ou des axes) secondaire. Pour aboutir à la cime de l’arbre, le nombre de divisions cellulaires de l’apex est très élevé ; celui qui a généré les branches basses est lui, en revanche, très faible. Il a été démontré que des changements importants, notamment biochimiques, se produisent au cours des chaînes de divisions cellulaires. Certes les nouvelles cellules héritent bien du patrimoine héréditaire de la cellule mère mais l’ADN qui, encore une fois, n’est pas modifié dans sa structure primaire, ne fonctionne plus toujours de la même façon. On se trouve là confronté non plus à la génétique, mais à un domaine particulier appelé “épigénétique”. Sans entrer dans le détail, disons simplement qu’au cours des divisions cellulaires successives et nombreuses, l’ADN fixe des résidus (souvent méthylés) qui perturbent son fonctionnement. Le temps qui passe aurait donc pour conséquence d’altérer le fonctionnement de l’ADN chez les plantes. Mais si, comme cela a déjà été dit, il est impossible d’arrêter le temps qui s'écoule, peut-on intervenir pour débarrasser, en quelque sorte, les organes végétaux de la marque de celui-ci ?

Revenons sur l'exemple du bouturage du *Sequoiadendron giganteum* et plus particulièrement sur la tentative d'enracinement de fragments de tige prélevés dans la cime d'un arbre de quelques dizaines d'années. Le résultat est tout juste moyen en termes de réussite. Il est cependant intéressant de suivre le comportement de ces boutures. Elles subissent quasiment toutes une élongation qui est loin d'être négligeable. Il devient ainsi possible de prélever la partie terminale en vue d'un nouvel essai de rhizogenèse. Ce faisant, les mêmes évolutions se perpétuent : élongation de l'axe et absence (majoritaire) de rhizogenèse. Les chercheurs étant des esprits quelque peu obstinés parfois, dans le cas du séquoia géant, le processus a été renouvelé sept fois de suite. Au terme de la septième étape, oh surprise ! pratiquement toutes les boutures forment des racines. Tout se passe donc comme si la cascade de bouturages avait effacé la marque du temps : elle a permis de recouvrer la juvénilité. Peut-on alors dire que le matériel végétal a été rajeuni ? Que nenni ! "Rajeuni" appartient au vocabulaire de l'âge chronologique et ici on parle de l'âge physiologique. Il a fallu inventer un mot pour définir l'acte en question : le verbe – un néologisme – est "réjuvéniliser" et l'acte s'appelle la "réjuvénilisation". Il convient d'admettre que ce vocabulaire qui, somme toute, est assez légitime est d'un emploi guère aisé. Aussi traditionnellement, les spécialistes de la question utilisent-ils le verbe "rajeunir" et le mot "rajeunissement" pour parler du phénomène, conscients qu'ils sont, que ce choix est plus que discutable.

Une question se pose immédiatement. La cascade de sept étapes de bouturage constitue-t-elle **LA** solution pour éliminer l'empreinte du temps dans toutes les situations ? Hélas, la réponse est négative. Chaque cas est particulier. Toutefois, d'une manière assez générale, les méthodes de la multiplication végétative appliquées en séries se révèlent plutôt efficaces. Cependant elles doivent être adaptées à chaque cas de figure. Les sept étapes du séquoia géant ne valent que pour cette espèce et peut-être même, que pour le cultivar envisagé. Pour d'autres, ce nombre nécessite éventuellement d'être soit augmenté soit diminué et il n'est pas impossible que la démarche par bouturages successifs constitue **LE** remède.

Restons malgré tout dans le catalogue des procédés de multiplication végétative les plus utilisés à cet effet et donnons quelques exemples. La taille peut être pratiquée à cette fin de différentes manières. Chez les espèces à dominance apicale, la simple décapitation lève l'inhibition de croissance des bourgeons axillaires. Les axes nés de cette opération, donc de bourgeons n'ayant pas fonctionné (pas de divisions cellulaires !), sont parfaitement aptes à la rhizogenèse. C'est ainsi que la plupart du temps des plants mères destinés à la micropropagation sont traités pour l'introduction *in vitro* du matériel végétal. Mais, pour diverses raisons, en particulier pour les espèces non soumises à la dominance apicale, une taille plus sévère peut se révéler nécessaire. Sur les branches les plus basses laissées en place se trouvent des bourgeons latents inhibés jusque-là parce que soumis à des corrélations d'organes situés plus haut. Une fois débarrassés de celles-ci, ces bourgeons entrent en fonction et produisent des axes juvéniles. Quelquefois, l'élimination presque totale du tronc est indispensable. Seule une souche peu épaisse reste alors en terre. Des bourgeons, latents là encore, vont être activés. Ils pourront donner naissance à des axes, appelés “rejets de souche”, lesquels présentent un caractère juvénile très net. Avant de procéder à l’élimination de la plus grande partie du tronc, il est prudent de chercher à savoir si l’espèce concernée est apte au rejet de souche, ce qui est loin de constituer une généralité.

Le greffage en cascade constitue – avec le bouturage – un des moyens les plus employés pour réjuvéniliser le matériel végétal. Le sapin de Douglas (*Pseudotsuga menziesii*) a constitué un modèle d’étude en ce domaine. Sur un pied centenaire, des extrémités de rameaux sont prélevées. Pour supprimer d’éventuels effets corrélatifs ultérieurs, la majeure partie des axes porteurs des bourgeons terminaux est éliminée. Ces derniers sont alors greffés à la place des bourgeons apicaux sur des pieds de moins d’un an et issus de semis. Au bout d’un temps de latence, les greffons entament une croissance qui atteint plusieurs centimètres et qui s’accompagne de la formation de feuilles. Très comparables à celles des greffons âgés, elles diffèrent de celles des jeunes porte-greffes. Les tiges ainsi obtenues à la suite de la croissance des greffons sont prélevées et leurs extrémités, traitées comme précédemment, sont greffées à nouveau, sur de jeunes plants issus de semis. L’opération est répétée à l’identique plusieurs fois de suite. À chacune de ces étapes, les allongements sont de plus en plus importants et la morphologie des feuilles se rapproche peu à peu de l’aspect de celles des porte-greffes. À la suite du septième greffage, les deux lots de feuilles sont alors tout à fait semblables. De plus, à ce moment, les axes produits s’enracinent sans difficultés, tandis que sur les premières pousses récoltées avant le début de la cascade de manipulations, aucune rhizogenèse n'était observable. La chaîne de greffages a donc permis un retour à la juvénilité. Il est bon, là encore, de préciser que les sept étapes nécessaires à cette réjuvénilisation sont propres à ce cas particulier et ne constituent absolument pas une solution générale.

L'application d' "hormones végétales" induit parfois le retour à un état juvénile. Telle est la situation avec certains genres botaniques (*Citrus*) produisant des agrumes ou avec le lierre (*Hedera helix*) traités par l'acide gibbérellique. Mais dans la famille des régulateurs de croissance végétale, ce sont surtout les cytokinines qui paraissent les plus efficaces. Apportées sur des pieds d'épicéa de plusieurs dizaines d'années, elles entraînent le fonctionnement de bourgeons latents jusque-là. Cette activation aboutit à la formation de rameaux aux feuilles différentes des voisines : elles rappellent en revanche celles des plants tout juste issus de semis. De plus, des boutures de ces axes – nés en réponse au traitement – s'enracinent très facilement, contrairement à celles prélevées sur les pieds avant l'adjonction des "hormones". Pour interpréter l'effet réjuvénilisant des cytokinines, certains auteurs avancent une hypothèse. Les racines sont considérées comme des organes qui s'opposent à la floraison *via* les cytokinines qu'elles produisent. L'embryon d'une semence est recroquevillé sur lui-même ; la radicule, future racine est spatialement proche de la gemmule, bourgeon terminal ultérieur. La radicule contient des cytokinines qui contrecarrent la floraison de la gemmule. Après germination, la distance entre les racines et le bourgeon apical demeure faible et l'inhibition est maintenue. Au cours de la croissance, l'éloignement progressif de ces deux organes tend à la diminuer et l'apex devient ainsi capable de fleurir. En d'autres termes, il devient mature. La fourniture de cytokinines à un organe peut alors être considérée comme une sorte de stimulation de la juvénilité. Ce n'est pas la plante soumise aux cytokinines qui "devient juvénile", mais les organes formés à la suite de ce traitement qui le sont. Il faut toutefois reconnaître que cette explication n'est qu'une hypothèse d'école.

De tous ces exemples et de beaucoup d'autres qui pourraient également être décrits, il apparaît clairement que, chez les végétaux, la réjuvénilisation est une réalité physiologique . Par contre, le rajeunissement, c'est-à-dire le retour à un état jeune, demeure une fiction, une "*fake news*" selon le langage actuel (mais sans intention malveillante ici). On ne sait pas faire reculer le temps ; on est seulement capable de gommer certains de ses effets. Rappelons-nous de ce qui a été dit précédemment à propos de la brebis Dolly. Elle est considérée comme n'étant pas un vrai clone de son parent puisqu'elle possède des génomes nucléaire et cytoplasmique hybrides. De plus, elle est morte à l'âge auquel son parent aurait dû mourir lui aussi. Par conséquent, le vrai problème rencontré là est un échec de la réjuvénilisation des cellules manipulées. Les spécialistes des plantes sont capables de réjuvéniliser leurs matériels, même si parfois (et même souvent) cette démarche est longue, difficile et sans protocole général. Dans le domaine animal, ce processus en est encore à ses balbutiements. Il semble malgré tout que des progrès soient effectués chaque jour, mais il convient d'être prudent à cet égard. Il faut se souvenir que des publications, sérieuses au demeurant, avaient considéré en leur temps Dolly comme un clone. Pour éviter de proclamer que les végétaux présentent une certaine supériorité par rapport aux animaux, admettons seulement que dans certains domaines, les recherches propres au monde végétal ont une légère avance sur les autres…

Il semble acquis et indiscutable que le temps qui passe et qui marque les êtres vivants ne peut être ni arrêté ni inversé. Mais peut-il être allongé ?

* *

*

Lorsque les produits végétaux destinés à l'alimentation remplissent certains critères, ils sont récoltés en vue de leur commercialisation future. Dans le cas contraire, ils se dégradent, souvent rapidement, et meurent sur place. Mais parfois et même fréquemment – pour diverses raisons – cueillis ou ramassés, ils ne peuvent pas être mis sur le marché. Pour résoudre ce dilemme il a fallu rechercher des procédés de conservation, c'est-à-dire d'allongement de leur durée de vie. Dans cette optique, on tente en fait de retarder la sénescence tout en laissant, et pour cause, le temps s'écouler. N'est-ce pas là, malgré tout, une manière indirecte d'essayer de freiner (pour ne pas dire de stopper) ce temps qui passe ?

Ce n'est pas parce que les organes végétaux sont récoltés que leur physiologie se fige à ce moment-là. Non ! ils continuent de vivre et donc d'évoluer, mais en dehors du pied mère qui leur apportait jusqu'alors des composés indispensables. La démarche de conservation devra donc tenir compte de cette situation qui, très vite, risque de devenir délétère. Une des premières manifestations à surveiller se rapporte à la perte d'eau. Les légumes par exemple contiennent en moyenne entre 80 et 95 % d'eau. Dès qu'ils sont détachés du plan d'origine, leur transpiration et leur respiration ne s'arrêtent pas : ils perdent ainsi de l'eau qui ne peut plus être remplacée comme cela était le cas au préalable. Ce déficit hydrique entraîne très rapidement des ramollissements et des flétrissements qui, il est vrai, n'affectent pas tous les végétaux de la même façon. Les “légumes-feuilles” (salades, épinards, blettes…) y sont extrêmement sensibles. Les “légumes-fruits” (poivrons, aubergines, concombres…) le sont un peu moins et les légumes à feuilles épaisses (choux, poireaux…) encore moins. Les pommes de terre, les courges et les “légumes-racines” (carottes, navets…) y sont très peu sensibles. Au moins pour les premiers cités, il est évident que la conservation, et donc l'augmentation de la durée de vie, exige absolument de freiner au maximum les déperditions d'eau. Un entreposage dans une atmosphère à hygrométrie importante (de l'ordre de 90 %) est nécessaire. Associée au froid positif, elle constitue la solution la plupart du temps, en prenant garde toutefois, de ne pas induire de troubles tels que ceux dont il sera question un peu plus loin.

Au cours de la vie après récolte (que les Anglo-Saxons appellent “*post harvest*”, expression qui envahit de plus en plus le vocabulaire français) qui n'est rien d'autre qu'une survie, des changements défavorables se manifestent. Ils peuvent représenter des risques élevés de pertes. Inévitablement des mesures sont donc à prendre en ce domaine. Ainsi, la respiration constitue la “machine énergétique” de la cellule. Lorsqu'elle est profondément perturbée, elle peut faire place à des fermentations, processus qui conduisent à la formation de produits toxiques. Mais la respiration consiste en une destruction de composés avec libération concomitante d'énergie. La plupart du temps ces substances, qui servent de substrats, sont des sucres dont la quantité diminue fortement puisque la photosynthèse réalisée par le pied mère ne permet plus leur remplacement. C'est pour cette raison que la solution (ou le petit sachet) que les fleuristes distribuent à l'achat d'un bouquet de fleurs coupées contient d'abord et avant tout un sucre. Les fleurs coupées sont des organes en survie qui respirent et qui ont, par conséquent, besoin de sucres.

La respiration, à laquelle il vient d'être fait allusion, utilise de l'oxygène et rejette du gaz carbonique. Ces deux gaz jouent un rôle primordial dans la physiologie des organes végétaux après récolte. Pour diminuer la respiration, la baisse de la teneur de l'atmosphère en oxygène s'impose *a priori*. Encore faut-il que cette quantité ne soit pas trop basse, auquel cas elle entraînerait un glissement vers des voies fermentaires. L'augmentation parallèle du gaz carbonique freine également l'activité d'enzymes qui interviennent dans le processus. En associant ces deux propriétés, il est possible de diminuer grandement la respiration et donc de prolonger la survie des organes végétaux conservés. À cet effet, des enceintes ont été confectionnées. La température intérieure est basse pour ralentir le plus possible toutes les réactions métaboliques. L'atmosphère artificielle qui règne est composée d'un mélange gazeux appauvri en oxygène et enrichi en gaz carbonique et dont l'humidité est toujours très élevée. Le reste de l'atmosphère est complété par de l'azote, gaz inerte. Ce procédé est appelé "conservation en atmosphère contrôlée". Selon les espèces entreposées, les proportions des différents constituants peuvent un peu changer. En outre, en raison de la composition gazeuse de l'atmosphère l'homme ne peut pas pénétrer dans ces enceintes, sauf à revêtir une combinaison intégrale spéciale. Suivant ce même principe, des films destinés à envelopper les organes végétaux ont été mis au point pour jouer le même rôle que les enceintes. Ils se présentent sous forme d'une enveloppe transparente qui semble coller véritablement à l'extérieur des organes en question. Sur les marchés, il n'est pas rare de nos jours de trouver notamment des concombres ainsi emballés dans leur protection de conservation. Pour en terminer avec l'atmosphère de conservation, il faut se souvenir que les fruits, notamment climactériques, produisent de l'éthylène, “hormone de sénescence”. Il y a donc un risque important à réunir dans un même volume des fruits et d'autres organes. La sénescence de ces derniers est susceptible d'être stimulée avec force par ce gaz dégagé par les fruits ; leur espoir de vie se réduit alors, ce qui est totalement contraire à l'idée même de la conservation. Dans un ordre d'idée voisin, l'association de végétaux qui dégagent des odeurs particulières est à proscrire. Des choux et des oignons par exemple ne peuvent pas être regroupés avec d'autres plantes qui pourraient s'imprégner de ces émanations et nuire ainsi à leur commercialisation ultérieure.

Dans ce cadre de la conservation un autre problème se pose : celui des maladies parasitaires mais également physiologiques. Comme partout ailleurs, les micro-organismes sont présents sur les végétaux. S'ils ne sont pas tous pathogènes (tant s'en faut !) certains peuvent l'être, mais surtout il en existe qui peuvent modifier leurs propriétés (modifications de l'aspect, de la texture, du goût…). Il est donc impératif de veiller à ne pas favoriser leur développement lors de la conservation. Il ne s'agit pas de désinfecter les organes végétaux au moment de leur entrée dans les lieux de conservation : la méthode utilisée présenterait forcément des risques vis-à-vis de la survie du produit (ce qui irait à l'encontre du but à atteindre) mais aussi éventuellement envers le consommateur futur. Or, parmi les facteurs mis en jeu dans la conservation, les uns sont plutôt favorables au développement des micro-organismes (humidité importante par exemple) et les autres défavorables (diminution de la teneur en oxygène de l'atmosphère). La sécurité minimum impose donc de limiter la conservation aux structures apparemment saines et de vérifier régulièrement leur état sanitaire pendant la période de survie.

À côté des conséquences plus ou moins importantes de la présence des micro-organismes (bactéries, champignons, levures…), un des paramètres de la conservation, le froid en l'occurrence, est lui aussi susceptible d'induire des effets particulièrement néfastes. Les spécialistes les désignent sous le nom de "maladies physiologiques du froid" ou de "*chilling injury*". Assez souvent les espèces supportent sans dommage des températures basses jusqu'à une limite en deçà de laquelle se manifestent des troubles irréversibles constituant une véritable maladie. D'une espèce à l'autre cette limite varie. Ainsi, placés en dessous de 5° C les tubercules de pomme de terre deviennent-ils sucrés. Ces organes vivants respirent, c'est-à-dire qu'ils consomment des sucres libérés par la dégradation de l'amidon. Aux températures habituelles, même basses il y a équilibre entre les deux mécanismes que sont respiration et hydrolyse de l'amidon.

Mais à des températures inférieures à 5° C, l'intensité de la respiration diminue fortement tandis que l'hydrolyse de l'amidon se poursuit pratiquement sans changement. Par conséquent des sucres s'accumulent, ce qui explique le changement de goût des pommes de terre et ce qui démontre qu'il ne faut pas conserver de tels organes au réfrigérateur. Autre exemple : celui de la banane qui noircit à la suite d'un séjour au réfrigérateur. Dans cette situation, la perméabilité des systèmes membranaires des cellules est modifiée. Des molécules de diverses substances confinées jusque-là dans différents espaces fermés par des membranes peuvent alors franchir ces limites et se retrouver là où elles ne devraient pas se trouver. Tel est le cas des composés phénoliques qui passent ainsi des vacuoles au cytoplasme où des enzymes d'oxydation sont nombreuses. Sous leur influence, ils sont transformés en dérivés appelés composés bruns. Fruit d'origine tropicale, la banane ne supporte que des températures supérieures à 13° C et ne doit donc jamais pénétrer dans un réfrigérateur. Les haricots verts, quant à eux, doivent toujours être conservés au-dessus de 7° C. En deçà, ils se couvrent rapidement de taches noires, manifestations d'une maladie généralisée.

Les différentes méthodes de conservation ont été réunies en six ensembles appelés "gammes". La première s'adresse aux produits végétaux frais non transformés. La salade achetée au maraîcher du marché en fait partie, tout comme les fraises en barquette qui ont été cueillies le matin ou encore les pommes de terre sorties tout juste du champ ou conservées à l'obscurité depuis des mois et les pommes et les poires qui sont dégustées tout au long de l'année après leur sortie d'enceintes à atmosphère contrôlée. La deuxième gamme correspond aux produits végétaux appertisés donc soumis à une forte chaleur et qui n'appartiennent pas à ceux pour lesquels la conservation est une prolongation de la période vitale. La troisième gamme est celle des produits surgelés. Si des précautions sont prises et des protections mises en œuvre au moment de leur surgélation, ces produits peuvent survivre à cette opération. On conserve de cette façon des embryons (végétaux et animaux), des cultures *in vitro*, des méristèmes… Des entreprises vinicoles ont créé des vitro-plants d'OGM de vigne résistants à des maladies. Ils attendent au fond des congélateurs que la législation et la réglementation autorisent leur installation en pleine terre. La quatrième gamme concerne les végétaux crus prêts à l'emploi dont le représentant majeur et bien connu, est la salade en sachet, mais d'autres modèles existent également. Les produits à préparer sont découpés, lavés, désinfectés, rincés plusieurs fois et emballés dans des sachets où règne une atmosphère artificielle protectrice et qui, une fois emplis sont conservés au froid. Depuis quelques années des râpés de carottes, de céleris, de choux… se sont ajoutés à la salade, seule présente dans les rayons pendant longtemps. Des préparations à base de fruits ont plus récemment encore complété l'offre du marché. Quant à la cinquième gamme, elle comprend les produits végétaux mais aussi animaux cuits prêts à l'emploi. La betterave cuite, pasteurisée, additionnée de vinaigre en est l'exemple typique. Là encore comme dans le cas de la deuxième gamme, la survie des produits est stoppée. Ils n'illustrent donc pas l'idée selon laquelle la conservation aurait pour but d'allonger la durée de la vie. Enfin la sixième et dernière gamme désigne les produits déshydratés et ionisés conservables très longuement à température ambiante mais qui, une fois de plus, meurent dès le début de leur conservation.

En résumé, arrêter le temps ou bien vouloir l'inverser appartient seulement au monde fictif. Personne n'y est parvenu et aucune voie ne se présente pour y accéder. En revanche, éliminer certains effets du temps est un acte possible. Toutefois, dans l'appréciation des résultats la plus grande prudence s'impose. Recouvrer des potentialités juvéniles ne signifie absolument pas rajeunir. L'élixir de jouvence n'existe pas plus dans le monde végétal que dans celui des animaux. La distinction entre les termes "rajeunissement" et "réjuvénilisation" n'a pas uniquement une valeur sémantique ; elle correspond à des processus fondamentalement dissemblables. Par conséquent, placée dans un environnement – naturel ou artificiel – la plante affronte le temps qui passe sans être en mesure de réagir. La mort de nos cellules et celle des organismes – celui de l'homme notamment – semblent consécutives à une incapacité à affronter avec succès le passage du temps. Mais si le temps entraîne à terme la mort des individus, il est un processus, la mort cellulaire programmée, qui lui aussi aboutit à la mort sans que le temps y soit impliqué et en soit, encore moins, encore moins responsable. Cette conception d'une mort cellulaire programmée est venue nuancer ces considérations en apportant une nouvelle vision des connexions établies jusqu'alors entre la vie, la mort et le temps.

LA MORT CELLULAIRE PROGRAMMÉE

À propos de quelques notions de base de biologie…

Pour éviter tout malentendu, toute confusion, pour lever toute ambiguïté, tout risque d'incompréhension à propos du thème abscons de la mort cellulaire programmée, il n'est peut-être pas inutile de s'arrêter un instant sur quelques notions de base de biologie.

La **cellule** tout d'abord. Elle est l'unité structurale et fonctionnelle de base de tous les êtres vivants. De taille et d'aspect variables selon leur localisation et leur rôle, ces cellules sont, dans l'ensemble, toutes constituées sur un même schéma. Elles sont limitées par le **plasmalemme**, **membrane** qualifiée de **plasmique** ou de **cytoplasmique** ou encore de **cellulaire**. Elle sépare l'intérieur (ou **cytoplasme)** de l'environnement (ou **milieu extracellulaire)**. Elle est constituée d'une double couche de lipides associés à des protéines.

La cellule contient des petites structures qui baignent dans le cytoplasme : les **organites**. Chacun d'eux est chargé d'une fonction spécifique dont la somme concourt à assurer la vie de la cellule. Dans l'ensemble, le plus gros est le **noyau** qui n'est visible que lorsque la cellule ne se divise pas. Il est limité par une double membrane : l'**enveloppe nucléaire**. La membrane interne est recouverte vers l'intérieur par la lamina nucléaire, réseau de protéines de soutien telles que des **lamines**. On distingue trois catégories de ces lamines (A, B et C) en fonction de leur masse. La membrane externe est un continuum d'un autre organite, le **réticulum endoplasmique granuleux** (ou rugueux). Ces deux membranes présentent des **pores** qui permettent des échanges (dans les deux sens) entre le noyau et le cytoplasme.

Tous les organismes ne possèdent pas un noyau du type de celui qui vient d'être décrit. Celui-ci n'est présent que chez les **eucaryotes** qui signifie "vrai noyau" (en grec *eu* = vrai et *caryo* = noyau). Les eucaryotes regroupent la grande majorité des espèces du monde vivant. Les bactéries, les cyanobactéries (autrefois appelées algues bleues) et autres unicellulaires n'ont pas de noyau limité par une enveloppe nucléaire. Leur matériel génétique est libre dans la cellule : il baigne dans le cytoplasme sous forme d'un ADN circulaire ou **chromosome bactérien**. Les bactéries possèdent souvent en plus de petits ADN circulaires ou **plasmides**. Ces organismes qui n'ont donc pas de vrais noyaux sont regroupés sous le nom de **procaryotes**. Quant aux virus, incapables de se multiplier seuls et considérés à cet égard comme n'appartenant pas au monde vivant, ils renferment bien un acide nucléique (ADN ou ARN) mais sont qualifiés d'acellulaires.

Si les eucaryotes et les procaryotes sont en mesure de transmettre leurs caractères héritables grâce à leur noyau ou leurs chromosomes particuliers, des cellules en sont incapables parce qu'elles ne possèdent pas de telles structures. Tel est le cas de certaines cellules d'eucaryotes. Ainsi les **érythrocytes** ou **globules rouges** ont perdu leur noyau et survivent environ 120 jours dans cette situation avant d'être remplacés par d'autres. Les cellules du cristallin de l'œil sont également anucléées. D'aucuns soutiennent que la présence d'un noyau perturberait le passage de la lumière, ce qui, pour le moins, prête à discussion. À l'opposé, dans quelques cellules – en faible nombre – il est possible d'observer plusieurs noyaux. Il semble qu'elles résultent de la fusion de plusieurs d'entre elles avec conservation des différents noyaux.

En dehors de la phase de division, le noyau renferme de la **chromatine** qui est de l'ADN (support biochimique de l'hérédité) décondensé lié à des protéines, notamment des **histones**. Il contient par ailleurs un compartiment particulier, le **nucléole**, qui n'étant pas délimité par une membrane, n'est pas considéré comme un organite. C'est le lieu où s'effectue (en grande partie) la synthèse des **ribosomes**, particules d'ARN associées à des protéines, qui participent à la synthèse protéique en décodant l'information véhiculée par l'ARN **messager**. Au moment de la division cellulaire, la chromatine se condense sous forme de bâtonnets : les **chromosomes mitotiques** qui sont en nombre pair (2 n chromosomes ; n nombre spécifique à chaque espèce), chaque parent en ayant fourni un exemplaire. Ils vont assurer la transmission des caractères. À cet effet chaque chromosome est copié à l'identique, les copies ou **chromatides**, restant attachées à leur modèle. Ainsi, un chromosome devient-il constitué de deux copies semblables ; quant à la paire de chromosomes d'origine, elle donne naissance à quatre chromatides (deux chromosomes X deux chromatides chacun) analogues. Les chromatides mère et fille se séparent alors vers des pôles opposés de la cellule dans laquelle se déroule la division ou **mitose**. De ce fait, aux deux pôles se réunissent 2 n chromosomes (un n de chaque parent). Une séparation se met en place entre les deux zones polaires. Ainsi on est passé d'une cellule à 2 n chromosomes à deux cellules à 2 n chromosomes identiques (sauf en cas d'accident) en tous points à la cellule mère.

À côté du noyau, on trouve, baignant dans le cytoplasme, d'autres organites le **réticulum endoplasmique**, l'**appareil de Golgi**, les **lysosomes**… Il n'est pas question d'en dresser ici une liste exhaustive et de les décrire avec précision. En revanche, une catégorie, celle des **mitochondries**, mérite un instant d'attention. Une mitochondrie est un organite entouré d'une double membrane constituée chacune d'une double couche de phospholipides. Dans ces organites se déroule la respiration cellulaire. Par conséquent, une de leurs fonctions primordiales est de fournir de l'énergie sous la forme d'**adénosine triphosphate** (ou **ATP**) ou bien sous celle de coenzymes d'oxydo-réduction comme le **nicotinamide adénine dinucléotide** sous sa forme réduite (**NADH**) ou bien la **flavine adénine dinucléotide** également sous sa forme réduite (**$FADH_2$**). Une originalité de la mitochondrie tient en la présence d'un génome propre qui se rapproche étrangement des ADN bactériens. Ce fait s'expliquerait par la théorie endosymbiotique selon laquelle dans des cellules eucaryotes des bactéries auraient été incorporées par **endocytose** (mécanisme de transport à l'intérieur d'une cellule) il y a plusieurs milliards d'années. Différent donc de l'ADN nucléaire, celui de la mitochondrie est généralement transmis par voie maternelle.

Si la structure de base de la cellule est fort comparable dans tout le monde vivant, il n'en demeure pas moins qu'il existe quelques différences entre certains groupes. Ainsi, la membrane plasmique de la cellule végétale est-elle complètement recouverte d'une **paroi** rigide de nature pectocellulosique qui lui confère un aspect géométrique. Cette dernière est, par endroits, percée de tout petits canaux ou **plasmodesmes** qui, en la traversant, constituent des voies de passage pour différents éléments (eau, composés dissous, "hormones"...). Toujours dans cette cellule végétale, un espace clos ou **vacuole**, délimité par une membrane simple ou **tonoplaste**, assure des fonctions de stockage (d'eau en particulier). Par ailleurs, des organites spécialisés dans des tâches spécifiques, les **plastes**, renferment – comme les mitochondries – un génome propre. Ils participent à la mise en réserve d'amidon (**amyloplastes**), de lipides (**oléoplastes**), de protéines (**protéinoplastes**)... Les plus connus sont les **chloroplastes**, acteurs de la **photosynthèse**. Grâce à des pigments comme les **chlorophylles** et les **caroténoïdes**, ils captent l'énergie lumineuse du soleil et la transforment en énergie chimique. Celle-ci leur permet d'utiliser le gaz carbonique atmosphérique pour synthétiser les sucres indispensables au métabolisme de la plante. Parallèlement, l'arrachage d'hydrogène à de l'eau conduit à une libération d'oxygène. Finalement la photosynthèse peut se résumer à la relation suivante :

en présence de lumière : gaz carbonique + eau → sucres + oxygène

Les cellules peuvent soit "dialoguer" avec elles-mêmes, soit avec d'autres, soit encore avec le milieu extérieur, le tout *via* un système complexe qui participe à la régulation de leurs activités : **la signalisation cellulaire**. À l'intérieur d'une cellule, ses différents territoires peuvent échanger des informations sous forme de composés chimiques appelés **messagers**. Dans cette situation, la cellule concernée productrice de ces derniers est également celle qui les reçoit et exécute les ordres dans des territoires différents de ceux de leur synthèse. Pour cette dernière raison, elle est appelée **cellule cible**. Cette forme de communication est qualifiée d'**autocrine**. En fonction de la distance entre les cellules et les conditions des interactions, plusieurs modalités de communication peuvent être distinguées. La communication peut s'effectuer par contact direct entre deux cellules. L'une d'entre elles synthétise un messager et la voisine, cellule cible, le traduit ; la communication est alors dite **juxtacrine**. Sans être ainsi jumelés, ces deux types de cellules peuvent être situés dans un environnement proche (communication **paracrine**) voire éloigné (communication **endocrine**). Tous les messagers sont soit hydrophiles, soit lipophiles. Pour agir, les premiers se fixent sur un **récepteur** protéique membranaire pour stimuler la production d'un **messager secondaire**. L'**adénosine monophosphate cyclique** ou **AMP cyclique** (ou encore **AMPc**) constitue l'un des plus communs. Il diffuse dans le cytoplasme pour atteindre des récepteurs intracellulaires et devenir ainsi actif. Quant aux seconds, ils traversent la membrane plasmique et s'associent ensuite à un récepteur pour intervenir au niveau des gènes. En fait, un récepteur lié à un messager (qualifié de récepteur activé) entre le plus souvent dans une cascade de réactions avant d'aboutir à l'expression de l'information portée par le messager. L'ensemble des modifications induites par le récepteur activé est appelé voie (ou mécanisme) de **transduction du signal**.

Outre ces données de base relatives à la structure cellulaire et à ses conséquences immédiates, quelques données supplémentaires concernant le vocabulaire de la mort de la cellule paraissent devoir être abordées afin de mieux comprendre les phénomènes qui seront ensuite développés à propos de ce thème.

* *

*

Il est communément admis qu'un être vivant mourra un jour ou l'autre. Corollaire immédiat : une cellule est capable, elle aussi, de mourir. Pendant très longtemps un terme, celui de nécrose, a été employé pour faire allusion à cet état irréversible de la perte vitale. Mais d'autres sont venus peu à peu le remplacer. Un débat sémantique s'est alors instauré pour déterminer le mot le plus approprié.

Il semble qu'en 1842, le naturaliste et médecin suisse Carl Vogt ait été le premier a aborder ce concept de la mort cellulaire en étudiant le développement du système nerveux et les métamorphoses du crapaud accoucheur *Alytes obstetricans*. Constatant la disparition de la notochorde (organe rigide soutenant la moelle épinière chez les embryons) et son remplacement par des vertèbres, il n'utilise pas l'expression "mort cellulaire" mais le mot "résorption". Deux années plus tard (1844), le médecin et biologiste suisse Jean-Louis Prévost et son confrère allemand Hermann Lebert préfèrent employer le substantif "absorption" à ce sujet. Puis, le médecin et biologiste prussien Friedrich Leopold August Weismann parle d' "histolyse" en décrivant chez les insectes diptères (auxquels appartient la mouche) un phénomène un peu comparable : destruction de tissus larvaires et remplacement par de nouvelles structures. Bien d'autres auteurs reviennent sur ces phénomènes sans jamais faire réellement référence à une mort cellulaire. Il en est encore ainsi en 1885 avec les travaux du biologiste allemand Walther Flemming sur la mort des cellules ovariennes de lapin *Oryctolagus cuniculus*. La régression folliculaire y est décrite en détail ;

mais, là encore, il n'est pas question de "mort cellulaire" mais de "chromatolyse". 1914 : l'embryologiste allemand Ludwig Gräper suggère l'idée d'une balance entre l'augmentation de cellules par mitoses et leur diminution par mort. Dans cette hypothèse, il faut admettre que les cellules ne meurent ni par accident ni de façon aléatoire, mais bien en réponse à un programme. La conception d'une mort cellulaire programmée se fait jour, mais le chemin de la compréhension et de l'interprétation du phénomène est encore long. Le terme de "nécrose" est utilisé dès le XXème siècle pour désigner en médecine la dégénérescence des tissus observés au microscope. Il en sera ainsi jusqu'en 1971, quelles que soient les conditions de la mort cellulaire.

En cette année là, John Foxton Kerr, Andrew H. Wyllie et Alastair Robert Currie, pathologistes – australien pour le premier et écossais pour les deux autres – observent la chute des feuilles. Ils considèrent qu'il s'agit là d' « une mort non pathologique » comme l'indiquent Lauriane Cabon, Ana-Carolina Martinez-Torres et Santos A. Susin sur le site "médecine/sciences" le 20 décembre 2013. Ils la nomment « nécrose contractée », expression qu'ils remplacent l'année suivante par « apoptose » du grec *apo* (= au loin) et *ptosis* (= chute). À partir de ce moment, les acquis vont se multiplier bien plus vite. Des gènes régulant l'apoptose sont découverts successivement chez le nématode *Caenorhabditis elegans*, la drosophile *Drosophila melanogaster*, la souris, l'homme et les plantes. Au passage une conclusion est tirée : l'apoptose apparaît comme un phénomène conservé dans les espèces au cours de l'évolution.

Les recherches sur la mort cellulaire programmée deviennent de plus en plus nombreuses et les spécialistes sont amenés à reconnaître l'existence de plusieurs voies possibles en ce domaine. L'apoptose telle qu'elle vient d'être évoquée ne représenterait pas l'unique modalité de suicide cellulaire. Des possibilités dites alternatives ou atypiques ont été soit imaginées soit mises en évidence. Ces voies de signalisation pourraient être empruntées de préférence à l'apoptose en fonction des conditions extérieures. Quel que soit le chemin emprunté, cette forme d'autodestruction intervient dans les réparations indispensables au maintien des constantes cellulaires, mais aussi dans l'élimination des agents pathogènes et encore dans la destruction des cellules tumorales. C'est probablement pour cette raison que des distinctions entre diverses voies ont été établies. Mais est-ce bien nécessaire ? Dans un article du "Journal de la Société de Biologie de 2005 (166 (3), 169-173), Richard Ansel Lockshin affirme à ce sujet : « Il n'est pas utile de trop insister sur la distinction entre "mort cellulaire programmée" et "apoptose". (…) Aujourd'hui les deux termes sont quasiment interchangeables et insister sur la pureté académique des mots n'a plus de sens. » À dire vrai, l'unique intérêt de leur différence d'usage se situe désormais au plan historique. À l'origine, "mort programmée" faisait plutôt référence au processus, tandis qu' "apoptose" se focalisait davantage sur des aspects morphologiques. Ainsi cette première expression était-elle utilisée en biologie du développement et la seconde concernait préférentiellement des cellules apparemment "anormales".

L'apoptose peut concerner un très grand nombre de cellules (plusieurs millions par jour dans le corps humain !). L'élimination de ces dernières (qualifiées d'**apoptotiques**) doit donc être rapide et efficace pour éviter les encombrements de déchets potentiellement dangereux. Aussi, l'apoptose ne se manifeste-t-elle pratiquement jamais dans les tissus où le renouvellement cellulaire est important (thymus, moelle osseuse…) ; la **phagocytose** (ingestion et digestion de particules par des cellules spécialisées, globules blancs par exemple) assume cette fonction. Toutefois dans certaines de ces situations, si l'apoptose intervient, elle peut jouer un rôle important parce qu'elle est susceptible d'induire des réponses immunitaires protectrices.

Par le passé l'apoptose et la **nécrose** ont été considérées comme des processus totalement différents. Aujourd'hui ce point de vue est beaucoup plus nuancé : des voies biochimiques aboutissant à des nécroses programmées ont été mises en évidence. Il semble malgré tout que la nécrose constitue une “voie passive de mort cellulaire”. Elle pourrait répondre à un défaut important d'énergie ou à d'importants dégâts irréversibles.

À côté de ces phénomènes de mort programmée, il en est d'autres, complexes, qui se traduisent plus par des phases de survie, lesquelles se terminent néanmoins, à plus ou moins long terme, par la mort. Tel est le cas de l'**autophagie** qui correspond à une forme d'autodigestion des constituants cytoplasmiques (phase liquide du cytoplasme, organites) en réponse à un stress. En recyclant les composés ainsi libérés, ce mécanisme permet à la cellule de faire face à ses besoins vitaux. Mais assez vite ce contournement des difficultés cesse et la cellule meurt. Il s'agit bien d'une survie temporaire. Il en est un peu de même avec ce qui est parfois appelé “**catastrophe mitotique**”. Elle se rapporte à des accidents de la mitose, représentés notamment par des séparations aberrantes des chromatides. La cellule arrête alors sa division et provoque sa propre mort. Cependant certaines cellules peuvent y échapper : celles qui présentent des mutations très précises. Mais dans cette situation, la division qui se poursuit conduit à des cellules au contenu chromosomique modifié et donc potentiellement dangereux (apparition par exemple de cellules tumorales). Par conséquent, la catastrophe mitotique qui aboutit à la mort cellulaire constitue davantage une protection qu'une perte de cellules.

* *

*

Il n'est sans doute pas inutile de consacrer aussi quelques instants au **système immunitaire**, autre volet de la biologie. Il comprend des cellules et des organes qui assurent, au travers du couple antigène-anticorps, la protection du corps et la lutte contre les infections et un grand nombre de maladies. Un **antigène** est un composé que le système immunitaire reconnaît comme étranger (le non-soi) et contre lequel il produit, pour le neutraliser, des protéines spécifiques appelées **anticorps**. Le sang est constitué d'une phase liquide, le **plasma**, dans laquelle baignent divers éléments : **globules rouges** (= **hématies** ou érythrocytes), **globules blancs** (**leucocytes**) et **plaquettes** (thrombocytes). Les leucocytes se divisent en **granulocytes ou polynucléaires** (neutrophiles, éosinophiles et basophiles en fonction de leur aptitude à réagir à un colorant), en **lymphocytes** et en **monocytes**. Les granulocytes et les monocytes interviennent dans les réponses immunitaires aspécifiques contrairement aux lymphocytes responsables des actions spécifiques.

Parmi les lymphocytes il y a lieu de distinguer les **T** (très nombreux), les **B** (moitié moins nombreux que les T) et les **NK** (pour "*natural killer*"), de taille supérieure aux autres et présentant un noyau échancré caractéristique. Ils prennent naissance dans la moelle rouge des os, terminent leur formation (maturation) soit dans le thymus (d'où "T"), soit dans la moelle osseuse ("B" ne signifiant pas alors "*bone marrow*" – c'est-à-dire moelle osseuse en anglais – mais "bourse de Fabricius", là où ils ont été découverts). Les lymphocytes sont distribués par le sang et la lymphe, ce qui explique leur abondance dans les tissus lymphoïdes (ganglions lymphoïdes, rate, amygdales…). Les lymphocytes T comprennent les cytotoxiques, les auxiliaires et les régulateurs. Les premiers sont spécialisés dans la destruction des cellules infectées. Les seconds fonctionnent en tant qu'intermédiaires de la réponse immunitaire. Parmi eux les **T CD4** (pour "cluster de différenciation 4") sont importants : leur quantité caractérise l'état immunitaire de la personne. CD4 est une glycoprotéine (protéine associée à un sucre) présente à la surface des lymphocytes T CD4. Le virus de l'immunodéficience humaine (ou VIH) utilise CD4 comme récepteur pour infecter des cellules cibles, des lymphocytes T4 en l'occurrence. L'infection par le VIH se traduit donc par une chute des lymphocytes T CD4 et c'est pourquoi l'évolution de leur nombre renseigne sur la progression de la maladie. Quant aux lymphocytes T régulateurs, ils interviennent pour empêcher l'activation des lymphocytes qui, assimilant le soi au non-soi, participent à la destruction de l'organisme dans le cadre de pathologies auto-immunes.

Les lymphocytes B sont les acteurs de la réponse immunitaire spécifique. À cet effet, ils sont responsables de la production d'anticorps. La reconnaissance d'antigènes les active et les transforme aussitôt en **plasmocytes**, unités d'élaboration d'anticorps dirigés contre les antigènes en question. Quand un lymphocyte B est à l'origine d'un type d'anticorps, il se révèle incapable d'en produire d'autres contre de nouveaux antigènes. Il existe cependant deux types de lymphocytes B : ceux qui, après les avoir synthétisés, utilisent des anticorps spécifiques d'un antigène et disparaissent à la suite de leur intervention ; à côté de ceux-là, des cellules B, dites **à mémoire**, formées spécifiquement lors d'une première rencontre avec l'antigène, mais sans intervenir à ce moment, demeurent en réserve en quelque sorte et participent efficacement à la défense au cours d'une future exposition à l'antigène. La vaccination repose d'ailleurs sur ce principe.

Les lymphocytes NK fonctionnent sur un schéma proche de celui des T cytotoxiques.

Ces différentes précisions relatives au vocabulaire de base de la biologie devraient aider à comprendre les différentes caractéristiques des manifestations de l'apoptose dont il va être question dans ce qui suit. Mais au préalable, il peut sembler judicieux de rappeler une convention d'écriture : elle concerne les gènes et les protéines produites à la suite de leur fonctionnement. Il existe plusieurs "règles". Celle qui a été retenue ici paraît être la plus usuellement utilisée par les biologistes. Les noms des gènes sont écrits en majuscules et en italique (*CED-3* par exemple). Les protéines sont alors désignées par le même nom que le gène de leur synthèse, écrit en format normal et en majuscules (CED-3 par exemple). Les gènes mutés apparaissent, eux, en minuscules italiques (*ced-3*) et les protéines qu'ils produisent en minuscules droites (ced-3).

Les manifestations de l'apoptose

Les Grecs anciens désignaient la chute des feuilles par "*apoptosis*". Comme il y a été fait allusion précédemment, de nos jours ce terme (sous sa forme française apoptose) signifie "mort cellulaire programmée" appelée également "suicide cellulaire". C'est une notion qui est utilisée depuis longtemps à propos des cellules animales mais qui est, de plus en plus, employée dans le domaine végétal. Il en sera question un peu plus loin.

L'apoptose consiste en une autodestruction de cellules anormales ou endommagées ou encore inutiles. Trop détériorée, une cellule n'est plus capable de se réparer. Demeurant en place, elle risque de dégrader ses voisines. Pour l'éviter, elle est tout simplement éliminée et cela grâce à un mécanisme génétiquement établi ; l'ADN de l'organisme en cause comporte toutes les informations nécessaires pour mener à bien cette mission. Elles lui permettent de reconnaître les cellules à supprimer, de synthétiser les composés indispensables à cet effet et d'activer ces derniers pour les rendre efficaces.

Comment se manifeste une telle fin de vie gérée par le génome ? Dans la cellule appelée à disparaître, la chromatine se condense et se fragmente de façon très spéciale ; tout le contenu se morcèle et le volume de l'ensemble diminue. La membrane plasmique "bourgeonne" disent les spécialistes, c'est-à-dire qu'elle donne naissance à de petites vésicules ou corps apoptotiques qui renferment des portions d'éléments du milieu intérieur de la cellule. Cette dernière perd le contact avec ses voisines, elle ne communique plus du tout. Elle exprime des signaux qui attirent des acteurs de la phagocytose (des globules blancs) qui se chargent de faire disparaître les restes de la cellule.

La morphogenèse est grandement tributaire de l'apoptose. La formation des mains en est un exemple bien connu. Lorsque l'embryon humain commence à différencier ses mains, celles-ci prennent l'aspect d'une moufle ou d'une palme : entre les futurs doigts existe une membrane qui relie deux de ces appendices successifs. Progressivement elle disparaît ; l'apoptose en est responsable. De même, chez l'homme, une fois l'ébauche de cerveau mise en place, un phénomène d'apoptose en modifie l'aspect. Dans le même temps, des neurones se connectent entre eux au hasard ; une autre apoptose élimine les contacts superflus. De la même façon la queue des têtards se résorbe au cours de la métamorphose en grenouille *via* un processus d'apoptose.

Le système immunitaire est lui aussi sujet à de nombreuses apoptoses. La présence d'un antigène étranger dans l'organisme stimule immédiatement la production d'anticorps par des lymphocytes B. Ce faisant, ceux qui à ce moment agissaient dans d'autres directions poursuivent leur action. Toutefois, ceux qui généraient des anticorps inactifs ou auto-immuns disparaissent par apoptose. Par ailleurs, lors d'une infection virale, les lymphocytes T cytotoxiques élaborent des composés toxiques à l'égard des cellules infectées. Une fois l'infection jugulée, ces leucocytes particuliers deviennent dangereux : par sécurité, ils sont éliminés par apoptose. Néanmoins certains échappent à cette destruction ; ils deviennent alors des lymphocytes T à mémoire.

Dans le processus de différenciation, l'apoptose intervient également. Au niveau de l'intestin, les cellules ont une durée de vie de l'ordre de quelques jours seulement. Dans l'intestin grêle, elles passent de la base des villosités à leur sommet où, pendant une courte durée, elles prennent en charge l'absorption des nutriments avant de disparaître. La fin de leur existence résulte, là encore, d'une apoptose. Toutefois celle-ci est d'un type un peu particulier : elle procède de la perte de contact avec son support. Cette forme singulière d'apoptose porte le nom d' "anoïkose".

Ces exemples d'apoptose pris chez les animaux ne doivent pas laisser à penser que ce processus de destruction cellulaire inscrit dans le génome constitue une spécificité de ce règne. Non ! il existe également chez les végétaux. Il peut être observé en particulier lors de transferts de composés de cellules en cellules. Tel est le cas de l'albumen des caryopses, fruits secs indéhiscents dont la paroi (ou péricarpe) intimement soudée au tégument de la graine en est inséparable. Ces fruits caractérisent les Poacées, appelées autrefois Graminées. Les cellules de cet albumen meurent au cours de la formation de la graine pour être remplacées par une substance de réserve : l'amidon. Un autre exemple est fourni par la sénescence des feuilles pendant laquelle l'apoptose aboutit, là encore, à un transfert de composés. La mise en place des vaisseaux du xylème (ou bois) nécessite, elle aussi, la disparition de cellules ; l'apoptose effectue cette tâche. À la lumière de ces exemples, il apparaît clairement que l'apoptose joue parfois un rôle positif dans le développement et ne constitue absolument pas un processus menant inévitablement à la mort de l'organisme. Il est à noter que, chez les plantes, l'apoptose se manifeste soit par l'élimination de toutes les structures cellulaires (paroi, cytoplasme, organites) soit par celle du contenu en laissant, cette fois, seulement en place la paroi (cas des vaisseaux du xylème conducteurs de la sève brute).

À la vue de tous ces exemples, une question se pose inévitablement : pourquoi un organisme ressent-il le besoin de se débarrasser d'un certain nombre de ses constituants ? La mort cellulaire programmée, limitée à quelques éléments de structure, ne constitue-t-elle pas, pour lui, une démarche volontaire vers son élimination ultérieure ? En d'autres termes, l'apoptose joue-t-elle réellement un rôle positif quant à la vie ultérieure ?

* *

*

Bien entendu, comme cela a déjà été souligné, l'apoptose contribue au maintien de l'homéostasie, c'est-à-dire de l'équilibre des paramètres vitaux d'un organisme. À cet égard elle élimine les cellules anormales ou en mauvais état qui pourraient nuire à son intégrité. Ainsi, lorsque l'ADN de cellules potentiellement cancéreuses résiste aux procédures habituelles de réparation, celles-ci doivent absolument être détruites ; l'apoptose en offre la possibilité. De même, le système immunitaire tend vers une répartition harmonieuse entre la prolifération de ses cellules et leur disparition. Les lymphocytes s'accroissent en abondance mais après leur intervention dans une réponse immunitaire, tous ceux qui ont été infectés ou endommagés disparaissent par apoptose. Bien d'autres exemples pourraient illustrer cette fonction de recherche d'équilibre jouée par l'apoptose.

Au plan anatomique, les troncs et les branches des arbres sont constitués de cellules mortes : celles du bois. Elles se sont tuées par apoptose. Ce faisant, elles ont mis en place un système dans lequel la sève brute est transportée sans les contraintes qu'imposeraient des tissus vivants. Comment réagiraient ces derniers s'ils étaient soumis à un flux d'eau et de sels minéraux ? De toute évidence, là encore pour respecter l'équilibre, des échanges auraient lieu entre l'eau et les cellules. Or les lois de la physique enseignent que de tels mouvements se font toujours d'un compartiment plus riche vers un autre plus pauvre. Dans ces conditions, de l'eau pénétrerait (par osmose) dans les cellules bordant le courant de sève qui ne résisteraient pas à un tel enrichissement hydrique. L'apoptose qui conduit à la mort des cellules du xylème est donc bénéfique pour la poursuite de la vie des arbres ; dans sa thèse (2018) Gabriel Krasovec baptise ce phénomène – retrouvé dans d'autres situations – « Fonction constructrice de l'apoptose ou FCA ».

L'embryogenèse animale fournit, elle aussi, des preuves du rôle favorable de l'apoptose dans le développement. En effet, bien souvent son inhibition provoque des altérations de la croissance et de la différenciation ultérieures. De nombreux résultats relatifs à ce sujet ont été découverts chez *Caenorhabditis elegans*, petit ver nématode (ver rond effilé non segmenté) d'environ un millimètre de longueur, transparent et non parasitaire. Celui-ci est devenu un modèle d'étude de l'apoptose, ce qui a valu à Sydney Brenner (biologiste sud-africain travaillant en Grande-Bretagne), à John Sulston (biologiste britannique) et à Robert Horvitz (biologiste américain) de recevoir le prix Nobel de physiologie ou médecine en 2002.

Ce matériel expérimental s'est imposé aux chercheurs en raison notamment de son nombre de cellules quasiment fixe : l'adulte hermaphrodite (99,5 % des individus) comporte 959 cellules somatiques et le mâle 1031. Au cours de sa vie, 1090 sont formées et 131 meurent par apoptose (il en reste donc bien 959). En inhibant différents gènes, Horvitz et son équipe ont montré que les 131 cellules vouées à disparaître par apoptose subsistaient.

De nombreuses observations conduisent à reconnaître l'incidence positive de l'apoptose dans la morphogenèse. La différenciation des doigts – dont il a déjà été question dans l'espèce humaine – en constitue un exemple. Elle a été en particulier étudiée en détail chez la souris et chez le poulet : grâce à la microscopie électronique, la formation des corps apoptotiques a pu être suivie. La preuve de l'intervention de l'apoptose dans le processus a ainsi été établie. Par ailleurs, des souris mutantes pour des gènes précis présentent des pattes qui peuvent être qualifiées de "palmées". Ce résultat se retrouve aussi chez certains oiseaux.

Une autre phase du développement porte la marque de l'apoptose : celle des métamorphoses, étape de changement total de morphologie et de physiologie lors du passage de la larve au jeune individu. Il est possible de citer à cet égard la perte de la queue des têtards. Là encore, la microscopie électronique a permis de constater que la destruction de tissus larvaires (queue, branchies, système digestif…) résultait de phénomènes d'apoptose. Des observations tout à fait similaires ont été effectuées à propos de la métamorphose des insectes. La drosophile perd des muscles, des neurones (300 environ) dans ces remaniements biologiques ; l'apoptose en est toujours l'effecteur principal.

Toutes ces données évoquées par ailleurs dans la thèse de Krasovec, confirment bien une des conclusions de cet auteur qui affirme que l'apoptose n'apparaît pas seulement « comme un mécanisme de destruction (…) appelé fonction destructrice ». C'est aussi « une fonction émergente (…) baptisée fonction constructrice ».

Ces phénomènes qui viennent d'être décrits doivent maintenant être interprétés. Comment l'apoptose est-elle engagée ? Qu'est-ce qui conditionne ce processus ? Longtemps surprenant et incompris ce phénomène de mort, favorable malgré tout à la survie, est désormais expliqué, même si les clés de ce mystère ne sont pas encore toutes découvertes.

* *

*

La notion de suicide cellulaire s'est fait jour, semble-t-il, vers le milieu du XIXème siècle. À cette époque les scientifiques prennent conscience que, dans un organisme, la disparition de cellules ne résulte pas forcément des effets délétères du temps ou d'agressions de la part du milieu extérieur. Ils admettent que ces structures sont, sans doute, capables de s'autodétruire rapidement pour éviter d'interférer de manière négative sur le bon fonctionnement des individus. Il faut ensuite attendre la seconde moitié du XXème siècle pour que les biologistes considèrent ce phénomène comme une fonction réelle inscrite dans le génome. Dans les années 1970, Kerr, Wyllie et Currie inventent le mot "apoptose" pour désigner cette aptitude qu'ils décrivent uniquement en termes de modifications morphologiques. Une dizaine d'années après, Horvitz montre sur *Caenorhabditis elegans* qu'il existe vraiment un programme génétique permettant aux cellules de se donner la mort. Tout un ensemble de gènes spécifiques de la mort cellulaire programmée a alors été identifié. Parmi eux, beaucoup participent à la synthèse de protéases (ou enzymes protéolytiques), molécules intervenant dans la dégradation des protéines. Dans le cas présent ces protéases, appelées caspases, présentent des structures et des modes d'action particuliers.

Le fonctionnement d'un certain nombre de ces gènes, *CED-4* et *CED-3* par exemple (**CED** pour ***c**ell **d**eath*), est indispensable au déclenchement et à la progression de l'apoptose. En revanche, *CED-9*, lui, inhibe les activités "pro-apoptotiques" de ceux-ci. À cet effet, quand il fonctionne, c'est en amont des deux autres. Un autre gène, *EGL-1* (**EGL** pour ***eg**g-**l**aying defective*) agit en amont de *CED-9*, et donc de la suite *CED-4 / CED-3* et régule négativement l'activité de *CED-9*. Toutes ces données ont conduit à établir un schéma du déroulement de l'apoptose chez le nématode. La protéine CED-9 inhibe l'activation de CED-3 par CED-4. CED-4 ou le complexe CED-4 / CED-3 sont ainsi bloqués au niveau des membranes intercellulaires. Quand un stimulus de la mort cellulaire entraîne une action de EGL-1 sur CED-9, cette dernière n'est plus capable de s'opposer à l'activation de CED-3 par CED-4, ce qui constitue un signal positif d'apoptose.

Chez les mammifères, des homologues de *CED-3*, *CED-4*, *CED-9* et *EGL-1* ont également été identifiés. Les protéines qu'ils codent sont aussi des caspases et présentent des similitudes de fonctionnement avec les protéines régulatrices de l'apoptose du nématode. Les caspases EGL-1 et CED-9 régulent d'abord l'activité de CED-4 et CED-3 devient la protéine effectrice de l'apoptose. Chez l'homme ce schéma de base existe également, mais il présente toutefois quelques éléments de complexification. Ainsi, plusieurs protéines "pro-apoptotiques" ont été mises en évidence ; elles sont toutes des homologues fonctionnels de EGL-1. Par ailleurs, le gène *BCL-2* (**BCL** pour ***b**-cell **l**ymphoma*) est impliqué dans de nombreux lymphomes B humains. Dans le même temps, il présente une activité "anti-apoptotique" : dans certaines conditions il protège les cellules sanguines de la mort. Finalement BCL-2 a pu être assimilé à CED-9. Comment alors ne pas penser à une conservation des mécanismes fondamentaux de la mort cellulaire au cours de l'évolution ? En effet les grandes lignes du processus d'apoptose apparaissent conservées, des nématodes aux mammifères et de l'homme en particulier. Malgré tout, le plus grand nombre de gènes intervenant chez les mammifères rend plus complexe le déroulement du phénomène chez les organismes plus évolués. Mais comment également ne pas soupçonner une relation entre l'empêchement du suicide cellulaire et le développement d'un cancer, puisqu'une propriété "anti-apoptotique" – donc une prolifération cellulaire potentielle – est associée à des lymphomes ?

Les caspases constituent donc les effecteurs primordiaux de l'apoptose. Elles sont d'abord synthétisées sous forme de précurseurs inactifs : les procaspases. En fonction de leur structure chimique, elles se divisent en deux types qui donneront naissance à des caspases soit initiatrices soit effectrices. L'activation de celles qui deviendront initiatrices se fait par clivage protéolytique : en diminuant de longueur, la proenzyme devient efficiente. Cette opération a lieu au niveau de complexes qui lui sont dédiés. Elle confère aux caspases initiatrices formées le pouvoir d'activer à leur tour les futures protéases effectrices. Cette action comporte plusieurs étapes et se déroule en cascade. Les caspases effectrices alors activées dégradent spécifiquement divers substrats cellulaires, ce qui entraîne les changements morphologiques observés dans l'apoptose.

Pour devenir efficace, une caspase doit d'abord être activée. À cette fin deux possibilités se présentent : la voie mitochondriale ou intrinsèque et celle des récepteurs ou voie extrinsèque. La première procède en général de signaux internes à la cellule. Elle se caractérise par la formation de pores dans les membranes mitochondriales. Il s'ensuit une rupture des mitochondries qui entraîne dans le cytosol de la cellule des molécules dites "pro-apoptotiques". Parmi celles-ci, on peut citer des protéines telles que le cytochrome c, l'**AIF** (***A****poptosis* ***I****nducing* ***F****actor*) ou le **SMAC/DIABLO** (***S****econd* ***M****itochondria-derived* ***Ac****tivator of* ***C****aspases/****D****irect* ***IA****P [Inhibitor of* ***A****poptosis protein]* ***B****inding protein with* ***Lo****w isoelectric point*). Le cytochrome c interagit avec des protéines du cytosol pour former un complexe appelé apoptosome qui prend part à l'activation de caspases. La voie des récepteurs – dite aussi "voie des récepteurs de mort" – utilise des récepteurs membranaires du TNF (**TNF** pour ***t****umor* ***n****ecrosis* ***f****actor*). La liaison de ceux-ci avec d'autres composés aboutit à la formation d'un nouveau complexe, appelé cette fois DISC (DISC pour ***d****eath* ***i****nducing* ***s****ignaling* ***c****omplex*) qui active une procaspase. Cette dernière entre dans une cascade de transformations biochimiques qui se termine par la mise en action d'une caspase effectrice.

La voie de signalisation de l'apoptose n'est donc pas très simple à appréhender, d'autant plus que les modèles d'étude du processus ne répondent pas de manière identique. Chez le nématode *Caenorhabditis elegans*, seule existe la voie mitochondriale. Toutefois elle se caractérise par une absence de relargage du cytochrome c ; la seule présence de CED-4, une simple structure d'ancrage, est suffisante pour la poursuite du phénomène dans lequel CED-3 jouera le rôle d'une caspase effectrice. Chez les mammifères, souris et homme, la voie extrinsèque a été décrite. Les protéines BCL-2 se révèlent soit "pro" soit "anti-apoptotiques". Les premières induisant la perméabilité membranaire des mitochondries provoquent, dans le cytoplasme, la libération du cytochrome c dont l'intervention est fondamentale. Chez la drosophile, là encore la seule voie connue est la signalisation mitochondriale. En outre, la présence de trois gènes "pro-apoptotiques" a été constatée. Ils ne semblent pas exister chez d'autres espèces. Les protéines qu'ils codent sont par ailleurs des inhibiteurs des IAP, ce qui permet à certains auteurs d'expliquer en détail le déroulement de l'apoptose *via* une voie mitochondriale un peu particulière. Ce faisant, le rôle majeur des mitochondries dans l'apoptose incite à penser que la voie empruntant ces organites a été conservée au cours de l'évolution. Néanmoins, comme l'écrit Krasovec dans sa thèse : « La question de l'homologie des acteurs et donc de l'ensemble de la voie mitochondriale entre mammifères, nématode et drosophile se pose ».

Une autre interrogation doit aussi être évoquée. La régulation de l'apoptose passe par de nombreuses étapes assez compliquées. Elles risquent de constituer des obstacles au bon déroulement du processus. Un dysfonctionnement présente-t-il, le cas échéant, des conséquences plus ou moins lourdes pour le sujet qui les subit ? Dans la mesure où l'apoptose a été considérée jusqu'ici, d'abord et avant tout, comme une élimination judicieuse des cellules anormales, voire dangereuses, il paraît légitime de réfléchir aux suites possibles de son éventuelle dérégulation.

Les conséquences d'un dysfonctionnement de la mort cellulaire programmée

L'apoptose se résume en une destruction de cellules. Mais celle-ci ne doit pas s'effectuer de façon aléatoire. Aussi le processus programmé est-il régulé, c'est-à-dire que les cellules supprimées sont parfaitement ciblées. Seules les anormales et les dangereuses sont éliminées. Un dysfonctionnement du phénomène aboutirait par conséquent soit à tuer des cellules qui ne doivent pas l'être, soit à en laisser en vie un trop grand nombre. Ce sont ces différentes situations qui vont être analysées en commençant par le cas des effets d'une apoptose "trop efficace". Ensuite le volet contraire, celui d'une mort cellulaire trop limitée, prendra d'abord en compte les problèmes des maladies auto-immunes puis ceux des cancers. Dans tous les cas, il ne s'agit pas d'envisager d'être exhaustif sur ces points. Le but recherché est simplement de prouver, à l'aide de quelques exemples, que chez les êtres vivants, l'apoptose peut complètement modifier les effets du temps qui passe.

L'entrée du VIH dans un organisme humain provoque l'anéantissement progressif des lymphocytes T CD4. Il a pu être montré que des phénomènes d'apoptose, se déroulant dans ces cellules infectées mais également dans d'autres qui ne le sont pas, étaient – en grande partie – à l'origine de ces éliminations. Ces dernières résultent d'interactions entre le virus et sa cellule cible et plus précisément entre des glycoprotéines (GPR) de l'enveloppe virale, le récepteur CD4 et CXCR4 une molécule de signalisation. La relation entre GPR et CXCR4 débouche sur la voie intrinsèque d'apoptose caractérisée par la sortie du cytochrome c, l'activation de caspases et finalement la mort des lymphocytes T CD4. Mais en inhibant les caspases, la mort cellulaire n'est pas totalement bloquée. Or, il a été prouvé que l'interaction entre GPR et CXCR4 induisait un processus d'autophagie dans des cellules T CD4 non infectées. Finalement, l'autophagie se présente comme un prérequis nécessaire au développement de l'apoptose.

Longtemps, faute de traitements, le VIH a signifié la mort inévitable pour l'organisme infecté. Le parallèle entre la présence de ce virus et la diminution des lymphocytes T CD4 expliquait alors cette situation : moins de cellules de défense (les T CD4) entraîne moins d'efficacité dans les luttes contre de nouvelles infections ou diverses pathologies et donc mort inévitable à plus ou moins brève échéance. Mais dans les deux premières décennies des années 2000, des résultats sont venus corriger partiellement ces points de vue. L'intervention du matériel génétique du virus a été décryptée. L'ARN viral, simple brin en double exemplaire, est comparable à un ADN d'autant que le virus renferme une enzyme, une transcriptase inverse, capable de synthétiser un ADN à partir d'un ARN, ce qui est le contraire du processus habituel. D'ailleurs, lors de l'infection, cette réaction biochimique a bien lieu. Dans un article publié en 2013 (revue médecine/sciences, n° 12, vol. 29), il est fait état de « l'insertion de l'ADN viral dans le génome de l'hôte ». Elle serait responsable de l'apoptose qui détruit les lymphocytes T CD4. Il convient malgré tout de ne pas ignorer que si cette interprétation explique assez bien la diminution des cellules infectées, elle ne rend pas compte de celle des T CD4 non infectés qui, eux aussi, disparaissent peu à peu par apoptose. Certains auteurs suggèrent que l'infection pourrait engendrer une apoptose généralisée qui toucherait d'abord les cellules infectées et ensuite les autres. Quoi qu'il en soit, la mort des sujets porteurs du VIH a résulté pendant longtemps de la disparition par apoptose des lymphocytes T CD4. Les thérapies antirétrovirales ont alors associé à diverses molécules des inhibiteurs de la transcriptase inverse du virus. Les résultats de ces traitements ont été immédiats : remontée de la quantité des T CD4 et diminution concomitante du taux d'apoptose lymphocytaire. À partir de ce moment-là, le sida n'est plus apparu comme l'antichambre de la mort.

Dans le même ordre d'idée, il est possible de faire allusion aux conséquences de la mort de cellules à longue durée de vie, les neurones par exemple. Les maladies neurodégénératives d'Alzheimer et de Parkinson se singularisent par une perte progressive de neurones dans le cerveau. La responsabilité de l'apoptose semble être fortement impliquée dans la mort de ces cellules nerveuses et dans l'évolution des troubles du tableau clinique. Cette apoptose, génératrice du processus neurodégénératif, peut répondre à un stress oxydatif ou/et à un dysfonctionnement mitochondrial, activateurs potentiels des voies apoptotiques. Le traitement de ces pathologies s'oriente vers les méthodes susceptibles de rétablir une apoptose équilibrée.

Lorsque l'apoptose est dérégulée et devient trop importante, des risques éminemment graves peuvent être induits par la trop grande diminution de certaines cellules. Le sida en est un exemple. Mais parfois, les désordres se caractérisent par le phénomène inverse : une trop faible apoptose laisse en place un trop grand nombre de cellules, ce qui, à nouveau, peut présenter un danger.

* *

*

Le maintien en vie de cellules qui devraient théoriquement disparaître peut entraîner des pathologies, par exemple des maladies auto-immunes. Ces dernières sont complexes à plusieurs titres : origine, manifestations polymorphes, évolution difficile à imaginer… Elles sont tributaires des facteurs environnementaux (rayonnements, alimentation, milieu social…). Elles se manifestent par de nombreux tableaux différents : lupus érythémateux disséminé (LED), polyarthrite rhumatoïde, diabète de type 1, maladie de Crohn (MC), sclérose en plaques (SEP)… En fait, elles correspondent à des inflammations chroniques consécutives à la perte de reconnaissance immunologique des propres constituants d'un organisme. Elles peuvent se limiter à un seul organe tel que le pancréas dans le cas du diabète de type 1 ; mais elles sont aussi susceptibles d'en toucher plusieurs (maladies auto-immunes systémiques) comme dans l'exemple du LED. Parfois, rarement cependant, la maladie auto-immune a une origine monogénique, c'est-à-dire qu'elle dérive de la mutation ou du dysfonctionnement d'un seul gène. Ainsi, une modification du gène *aire* dont le produit participe au contrôle de l'auto-immunité dans le thymus, peut-il générer une pathologie polyendocrinienne. Par ailleurs, certains syndromes prolifératifs répondent à un défaut d'apoptose en raison d'une mutation du gène *fas* ou éventuellement du gène *fasl*. Le syndrome lymphoprolifératif auto-immun SLAI ou ALPS (**ALPS** pour ***a**uto-immune **l**ympho**p**roliferative **s**yndrome*) l'illustre tout à fait. Il constitue à cet égard un modèle d'étude de cette situation pathologique. Il se caractérise par des mutations du gène *FAS* aboutissant à des déficits d'apoptose. FAS, récepteur induisant l'apoptose, est présent à la surface des lymphocytes T activés. Diverses interactions – dont le détail sort de cette présentation simplifiée – aboutissent à la formation du complexe DISC. Celui-ci permet la transformation de procaspases en caspases actives. Chez les malades atteints du SLAI, des modifications de caspases (8 et 10 en particulier) ont été observées, ce qui entraîne une résistance de leurs lymphocytes à l'apoptose induite par FAS. De plus, dans le sang et dans les organes lymphoïdes des patients atteints, une accumulation de lymphocytes a pu être constatée. En résumé, dans le SLAI, un encombrement de cellules qui auraient dû être éliminées par apoptose, participe aux désordres qui se manifestent chez les malades.

D'autres exemples de pathologies sont associés à une accumulation de cellules en raison d'une apoptose trop réduite : des cas de cancers l'illustrent.

* *

*

Une entrave aux mécanismes d'activation de l'apoptose entraîne un déséquilibre entre la prolifération des cellules et leur disparition par mort programmée. Celui-ci engendre la formation de tumeurs. Si elles évoluent lentement sans signes de développement important et incontrôlé, elles sont qualifiées de bénignes. À l'opposé, si leur croissance est plutôt rapide et qu'elles ont tendance à envahir l'organe où elles se produisent et même à s'exporter vers différents sites, elles sont dites malignes ; dans ce cas, elles sont désignées par le terme de cancer. Diverses modifications de gènes participant à la régulation de l'apoptose ont été signalées dans des cancers humains. Ainsi, dans environ la moitié de ceux-ci, des mutations de *P53* ont été mises en évidence. Suppresseur de tumeurs, ce dernier code pour un facteur engagé, entre autres, dans l'apoptose. De plus, des mutations du gène "pro-apoptotique" *BAX* conduisant à son inactivation ont été observées dans plusieurs formes de cancers. Par ailleurs, des souris chez lesquelles il ne fonctionne pas présentent des hyperplasies (augmentations de volumes consécutives à des proliférations cellulaires en surnombre) de lymphocytes T. En outre, des souris transgéniques qui surproduisent les protéines "anti-apoptotiques" BCL-2 développent presque toujours des tumeurs.

Une donnée mérite d'être soulignée : les radiations ionisantes et la majorité des composés utilisés en chimiothérapie anticancéreuse induisent l'apoptose dans les cellules malignes. À côté de cela, des remaniements de la structure de gènes impliqués dans la régulation de l'apoptose peuvent induire une résistance des cellules cancéreuses au traitement. D'une façon générale, les drogues anticancéreuses peuvent provoquer la mort des cibles soit par apoptose, soit par nécrose, soit encore en agissant sur la division cellulaire. À ce propos, il paraît peut-être utile de donner quelques précisions sur ce processus biologique qui permet de passer d'une cellule à deux copies parfaitement identiques à la cellule mère.

Les modifications qui s'opèrent dans une cellule, de sa formation (après division de la cellule mère) jusqu'à sa propre division en tant que nouvelle cellule mère constituent ce qui porte le nom de cycle cellulaire. Celui-ci comporte deux grandes étapes : l'interphase I et la mitose M. I se divise en trois phases : G1, S et G2 (G pour *Gap* qui signifie intervalle en anglais). Au cours de G1, la cellule poursuit ses activités habituelles tout en commençant à augmenter de taille. Dans le même temps, elle prépare une future synthèse d'ADN en produisant des enzymes et des ARN. L'atteinte de sa dimension maximum constitue le signal d'entrée en S. À ce moment ont lieu les synthèses de l'ADN et des histones (= phase S). Une fois la duplication de l'ADN terminée grâce à une ADN polymérase qui ne fait que copier l'ADN existant, G2, épisode de préparation à la mitose, débute. À son terme, la mitose , division cellulaire à proprement parler, prend le relai. Une cellule mère donnera ainsi naissance à deux cellules filles identiques entre elles mais aussi à la cellule mère. C'est seulement pendant cette période que les chromosomes sont nettement visibles. Ce schéma général connaît parfois un blocage après la mitose : les nouvelles cellules ne se divisent plus. Au lieu d'entrer en G1, elles entrent dans un état quiescent G0. Elles peuvent y rester plus ou moins longtemps et même indéfiniment, comme cela est fréquent pour les neurones. Certaines cellules du foie, des reins ou de l'estomac demeurent presque toujours en phase G0. En revanche, la plupart des cellules n'y entrent jamais et poursuivent leurs divisions pendant toute la vie de l'organisme. Les cellules qui ne se divisent plus sont souvent considérées comme des structures sénescentes.

Le cycle cellulaire peut s'arrêter en G1, en G2 ou en M parce qu'il existe là des mécanismes de surveillance (appelés "points de contrôle") capables d'interrompre sa progression si les conditions de passage à la phase suivante ne sont pas entièrement remplies. Le premier (ou "point de contrôle G1") vérifie que les conditions de croissance sont bien réunies. Le deuxième ("point de contrôle G2") juge si la duplication de l'ADN effectuée en S est convenable. Enfin, le "point de contrôle M" a pour vocation de s'assurer que la séparation des chromosomes est bien correcte. Tous ces points de contrôle peuvent être activés par des signaux extra (insuffisance de facteurs de croissance par exemple) ou intracellulaires (altérations de l'ADN, erreur de séparation des chromosomes…). De surcroît, l'évolution du cycle est sous la dépendance d'enzymes : des kinases dépendantes des cyclines ou CDK (**CDK** pour *cyclin-**d**ependent **k**inases*) qui, pour devenir actives doivent s'associer à des cyclines (d'où la mention "dépendantes des cyclines" dans leur dénomination). Une fois la formation des complexes CDK-cycline (liaison d'une CDK à une cycline) réalisée, ceux-ci peuvent être inhibés soit par des INK4 (**INK4** pour ***in**hibitor of CD**K4***) , soit par les CIP/KIP (**CIP/KIP** pour ***C**DK **i**nteracting **p**rotein/**K**inase **i**nhibitory **p**rotein*).

Les drogues anticancéreuses exercent leur action dans différentes phases du cycle cellulaire. Beaucoup d'entre elles agissent au niveau de S où elles induisent des erreurs dans la duplication de l'ADN. Une telle situation conduit à l'arrêt du cycle en G1 ou G2 ou même éventuellement en S. Les inhibiteurs des complexes CDK-cycline interviennent surtout à hauteur des points de contrôle et principalement lors du passage de G1 à S. Bien d'autres exemples d'interactions comparables pourraient être cités, mais ici l'objet n'est pas d'établir une liste exhaustive des modalités de fonctionnement et de la régulation du cycle cellulaire. Il est simplement de montrer comment celui-ci peut être détourné de son but et conduire à l'apoptose.

Dans ce qui précède, il a été affirmé que l'homéostasie cellulaire requérait un équilibre entre l'augmentation du nombre des cellules par leurs divisions et leur diminution par leur mort. À ce titre, il paraît légitime d'évoquer l'existence d'une connexion entre les régulations du cycle cellulaire d'une part et de l'apoptose d'autre part. Elle semble pouvoir être justifiée par l'exemple de la protéine P53. En effet, face à des altérations de l'ADN, celle-ci est susceptible de diffuser des informations qui se traduisent en bout de chaîne par une activation de l'apoptose. Elle peut aussi intervenir dans le cadre des points de contrôle du cycle cellulaire pour faire stopper la division cellulaire. Par ailleurs, diverses protéines participant à la régulation de cette dernière prennent part à l'apoptose dans la mesure où elles représentent des substrats de caspases. De plus, la protéine humaine RAD-9 pro-apoptotique est engagée dans le point de contrôle G2 – M ; elle est capable d'interagir avec BCL-2 (dont il a déjà été question), ce qui aboutit à l'inhibition de son activité pro-apoptotique.

Un autre ensemble de résultats paraît intéressant à analyser. Comme il y a été fait allusion plus tôt, l'apoptose se caractérise par des changements morphologiques. Il en va presque de même lors de « l'activation non contrôlée de la kinase CDC2/CDK1 » comme l'indique Estelle Schmitt dans sa thèse de doctorat de *Philosophiæ Doctor* (2000). Dans ces conditions, comment ne pas penser à une incidence des CDK dans l'apoptose ? Une telle hypothèse devient peu à peu crédible. Ainsi il a été montré qu'il existe un parallèle entre l'activation de certaines CDK et une apoptose répondant à divers stimuli. De même, dans certains modèles d'étude, l'action de la caspase-3 qui conduit à l'activation d'un complexe CDK2 – cycline amplifie le signal apoptotique. Là encore bien d'autres données pourraient être présentées mais, une fois de plus, le choix d'une liste réduite s'est imposé.

Tout ce qui vient d'être développé concerne le monde animal. Qu'en est-il alors de la mort cellulaire programmée des végétaux ? D'une manière globale, elle se manifeste de façon fort comparable à celle des animaux. Toutefois la structure même de la cellule de ces organismes entraîne quelques différences mineures. Ainsi la membrane plasmique se détache-t-elle de la paroi, ce qui conduit à une condensation du cytoplasme. Le tonoplaste (membrane de la vacuole, organite propre aux végétaux) est rompu et, se déversant dans le cytoplasme, le contenu de la vacuole participe à la dégradation de la cellule. À côté de cela, des corps apoptotiques ne semblent pas se former ; il est vrai que l'absence de phagocytes dans les plantes ne permet pas d'envisager leur élimination par ce type d'intermédiaires comme chez les animaux.

Puis, comme chez les animaux, le noyau et la chromatine se fragmentent. L'ADN est fractionné par des enzymes spécifiques : des endonucléases. Rappelons à ce sujet que, chez les animaux, celles-ci sont activées par des protéases particulières appelées caspases. Chez les plantes, des enzymes de structure identique, ou simplement voisine, de celles des caspases n'ont pas été trouvées. Néanmoins, des activités protéolytiques analogues aux leurs ont pu être mises en évidence. De plus, des inhibiteurs des caspases se sont révélés actifs pour entraîner la mort cellulaire programmée végétale. Il convient aussi d'ajouter que les enzymes VPE (VPE pour *vacuolar processing enzyme*), intervenant dans la formation des protéines de stockage des graines, possèdent une activité similaire à celle d'une caspase présente dans le corps humain. Enfin, des métacaspases végétales, structurellement différentes des caspases animales, ont été découvertes. Si la grande majorité d'entre elles agissent comme régulateurs positifs de la mort cellulaire programmée, une est connue pour jouer un rôle de régulateur négatif.

Dans les plantes, la mort cellulaire programmée a-t-elle pour seul objet de débarrasser l'organisme d'entités en mauvais état ou en surnombre, ou bien assure-t-elle d'autres fonctions ? La réponse à cette dernière question est positive : la différenciation, la croissance et la lutte contre les stress biotiques ou abiotiques sont tributaires de ce processus. L'extrémité de la racine par exemple est recouverte d'un petit capuchon protecteur : la coiffe. La croissance racinaire qui résulte du fonctionnement du méristème terminal (zone constituée de cellules indifférenciées qui se renouvellent sans cesse) est accompagnée d'une multiplication des cellules de la coiffe ; les plus externes – donc les plus âgées – soumises à l'apoptose, se détachent. De ce fait, la racine est toujours protégée par cette coiffe constamment "rajeunie" et dont la taille ne change pas. Une autre illustration des rôles joués par l'apoptose végétale est fournie par la structure, précédemment évoquée, du xylème. Ce tissu conducteur de la sève brute est composé de cellules mortes par apoptose. Enfin, tandis que les animaux luttent contre les infections *via* un système spécifique, le système immunitaire, les végétaux qui en sont dépourvus, se défendent *via* d'autres mécanismes. La "**r**éponse **h**ypersensible" ou **RH** (***h**ypersensitive **r**esponse ou **HR*** en anglais) est l'un d'entre eux. Elle consiste en un mécanisme spécifique de réaction des plantes à une attaque par un agent pathogène. Elle aboutit très vite à la mort des cellules voisines du point d'infection pour éviter l'extension en créant une véritable barrière physique qui, plus est, limite l'accès aux ressources nutritionnelles nécessaires au développement de l'agresseur. Cette réaction se traduit par la formation de lésions brunes caractéristiques de cellules mortes. Cette RH ne correspond pas à une réaction à des éléments toxiques produits par le pathogène, mais constitue une forme de mort programmée. Efficace dans un grand nombre d'attaques, la HR peut parfois apparaître comme totalement néfaste à la plante. Tel est le cas lors d'une agression par un pathogène nécrotrophe, c'est-à-dire se développant dans des cellules mortes : la mort des cellules voisines du point d'infection représenterait alors des lieux favorables à son développement.

La mort cellulaire programmée constitue donc un processus physiologique indispensable au maintien de l'équilibre des constantes d'un organisme. Mais sa régulation – particulièrement difficile à réaliser – affronte de nombreux obstacles. Son dysfonctionnement est une conséquence presque inévitable de leur abondance. Une apoptose trop réduite contribue au développement de pathologies très graves dont l'issue est souvent mortelle ;

trop importante elle peut engendrer de la même façon (mais pour des raisons opposées) les mêmes conséquences dramatiques. Mais lorsqu'elle fonctionne sans entrave l'apoptose, qui débouche inévitablement sur la mort, interdit au temps d'exercer ses effets. Existe-t-il des moyens pour éviter ces derniers et une issue fatale ? En d'autres termes, les effets du temps sont-ils ou non inéluctables ?

EN GUISE DE CONCLUSION :

LES EFFETS DU TEMPS SUR LES ÊTRES VIVANTS SONT-ILS INÉLUCTABLES ?

Le vieillissement ou la sénescence des êtres vivants

Dans “La Vie et ses problèmes”, Jean Rostand écrit : « La vie ? C’est pour l’homme le problème des problèmes. Non seulement il commande toute la biologie mais encore il tient à la philosophie (…), certaines métaphysiques refusent à l’intelligence le pouvoir de comprendre la vie sous le prétexte qu’elle en dérive ». Corollaire de cette réflexion : que sont les êtres vivants ? Dans les pages qui précèdent, pour ne pas perturber le lecteur, ce concept a été utilisé dans son acception la plus usuelle. Ont donc été considérés comme vivants tous ceux qui sont capables de se propager sans aide extérieure, à savoir les animaux, les végétaux, les champignons, les algues et les bactéries. Les virus, qui eux sont incapables de se multiplier en dehors des organismes qu’ils infectent (en détournant la machinerie enzymatique de l’hôte à leur profit), ne sont pas considérés comme des entités vivantes pour cette raison. Sur ces êtres vivants ainsi définis, le temps qui passe imprime sa marque sous la forme vieillissement ou sénescence, antichambres de la mort.

« La vieillesse est un naufrage » affirme Charles de Gaulle dans le chapitre “La Chute” de “L’Appel”, le premier des trois tomes de ses “Mémoires de guerre”. Il reprend là une métaphore, employée dans “Mémoires d’outre-tombe”, à propos de Charles X à l’heure de l’exil, par François-René de Chateaubriand (appelé plus communément Chateaubriand). Celui-ci ajoutait par ailleurs : « Les vieux sont des épaves ». Que faut-il entendre par là ?

Tout un chacun sait que l'organisme humain, mais également celui de tous les animaux, est appelé à décliner avec le temps. La vieillesse se manifeste d'abord par des signes surtout extérieurs : la peau se ride, les cheveux blanchissent et tombent, diverses pathologies se multiplient… Toutes ces manifestations naissent certes du vieillissement des cellules mais aussi du rapport resserré entre l'élimination programmée des cellules et leur renouvellement. En ce sens, l'apoptose apparaît comme une des causes probables du vieillissement.

Au fil du temps les cellules subissent des dommages qui, à plus ou moins brève échéance, débouchent sur des dysfonctionnements fatals à terme. En outre, à force de fonctionner, les cellules s'usent en quelque sorte et, peu à peu, deviennent inaptes à assumer leurs fonctions. Malgré leur étonnante capacité à réparer les dégâts subis par l'ADN, elles ne peuvent pas faire face à toutes ces modifications accidentelles. Une forme d'instabilité génétique débouche souvent sur le suicide ou la prolifération cellulaires. Pour cette raison, certains cancers constituent des maladies du vieillissement. Un autre aspect du vieillissement tient au changement d'organisation de la chromatine. Lorsque la structure de l'ADN n'est pas modifiée, donc lorsque des mutations ne se manifestent pas, des changements de fonctionnement de l'ADN peuvent néanmoins avoir lieu. Ils sont transmissibles aux générations successives et constituent l'épigénétique.

Dans le monde animal, quand le vieillissement est engagé, il semble qu'il n'existe aucun moyen pour revenir en arrière. L'exemple de la brebis Dolly dont il a été question, illustre bien cette impossibilité. Les cellules de l'animal sont trop âgées pour qu'elles soient susceptibles de réaliser une différenciation menant à un nouvel individu identique à la mère. En utilisant malgré tout le noyau d'une de ces cellules et en l'implantant dans une cellule la plus juvénile possible, un gamète en l'occurrence, un embryon puis une brebis ont pu être obtenus. Le clonage est malgré tout discuté en raison de la présence d'ADN appartenant à la donneuse initiale du gamète et non à l'individu à cloner et qui se retrouve inévitablement dans l'animal obtenu au terme du processus. Mais le plus surprenant dans cette procédure concerne "l'âge potentiel" de Dolly. Il correspond à celui de la donneuse du noyau implanté et non à celui d'un individu qui vient de naître. Par conséquent, cette expérience pose le problème de l'impossibilité éventuelle du "rajeunissement" des cellules animales. Depuis l'expérience génératrice de Dolly, les manipulations ont été un moment freinées pour laisser place à la réflexion. Celle-ci a débouché sur de nouveaux protocoles. L'un d'entre eux, toujours réalisé avec une brebis, procède de la même démarche que celle suivie dans le cas de Dolly, mais en utilisant au départ un gamète de la brebis à cloner. Ainsi le problème de l'ADN mitochondrial soulevé ne se pose-t-il plus. D'autres voies s'appliquent à rechercher des méthodes aboutissant au "rajeunissement" du donneur, ce qui semble constituer un obstacle majeur au clonage animal.

De toute évidence, et c'est une banalité de le dire, il existe entre les animaux et les végétaux des différences fondamentales. Mais d'autres, moins connues, plus difficiles à mettre en évidence et à interpréter créent un véritable fossé entre ces deux mondes.

Animaux *versus* végétaux

Qui ignore que les végétaux (verts ; autotrophes) n'ont besoin que de lumière, de gaz carbonique et d'eau atmosphériques pour vivre ? Qui ne sait pas que les animaux sont incapables de se passer des plantes pour subvenir à leurs besoins ? Qui... ? Personne bien sûr ! Il s'agit là de connaissances ordinaires que tout un chacun maîtrise. En revanche, il est des différences plus ténues, moins perceptibles et donc moins partagées par les uns ou les autres.

En dehors de leur autotrophie, la faculté des végétaux à la réjuvénilisation constitue une de leurs caractéristiques essentielles. Cette propriété n'est en rien un traitement de jouvence, un retour à la jeunesse au sens chronologique du terme. Il s'agit simplement de revenir à une physiologie qui a été perdue au cours du temps. Les méthodes le permettant ne sont pas toujours simples à mettre en œuvre. De plus, elles varient souvent d'une espèce à une autre, voire d'un individu à un autre. Bien qu'elles ne soient pas établies dans les différents cas de figure, tout laisse à penser que des procédés – sans doute longs à mettre au point – devraient pouvoir être élaborés pour les différentes situations. Comme cela a été évoqué à propos de Dolly, les animaux ne semblent pas disposer de cette aptitude.

Lorsque ces conditions sont déterminées, cette réjuvénilisation permet la multiplication végétative, unique moyen d'obtenir des copies conformes d'un individu. Dans leur ensemble, les animaux ne connaissent pas cette modalité de multiplication à l'identique. Tout au plus, l'obtention de vrais jumeaux est possible, mais certes, semblables entre eux en tous points, ils ne sont jamais des doubles exacts de l'un des parents.

La capacité de multiplication par voie végétative incite à la réflexion. Les exemplaires obtenus par ce processus sont-ils réellement de nouveaux individus ou ne sont-ils que le pied mère qui poursuit son existence ? La question n'est pas dénuée de sens puisqu'une bouture n'est rien d'autre qu'un fragment du pied mère qui forme des racines et des bourgeons à partir du génome d'origine. Nul n'irait soutenir que le drageon qui se développe au pied d'un peuplier est une unité étrangère à l'arbre qui lui a donné naissance. Pourquoi, une fois séparé de son pied mère le deviendrait-il ? Non ! Il y a de la logique à estimer que les produits de la multiplication végétative ne sont pas des individus nouveaux. Mais cette façon de voir, déjà abordée dans ce qui précède, aboutit inévitablement à l'idée que les végétaux seraient immortels dans la mesure où leur vie peut être prolongée sans interruption au travers de leur propagation asexuée. Une telle considération porte à reprendre en compte les effets du temps sur les plantes. Admettre qu'elles sont susceptibles de traverser sans fin toutes les époques, c'est convenir que le temps qui passe est sans effet sur elles, ou pour le moins qu'il n'a aucune incidence sur leur longévité. C'est là une différence fondamentale avec les animaux qui ne peuvent pas s'affranchir de ce temps qui se déroule de manière inexorable.

Toutes ces remarques incitent à penser que les plantes pourraient bénéficier d'une sorte de supériorité sur le monde animal. Elles n'ont pas besoin de ce dernier pour vivre. Elles sont bien moins sensibles que lui aux effets du temps qui passe ; toutefois la prudence et la rigueur invitent à nuancer ce propos. Les plantes annuelles et bisannuelles n'y sont pas du tout indifférentes : elles meurent au bout d'une, voire deux années. À vrai dire, il n'y a que les espèces vivaces et notamment ligneuses qui soient concernées par cette particularité. Quoique… Il est sans doute bon de rappeler que sur les arbres, les complexes de réitération auxquels il a précédemment été fait allusion ne constituent pas fréquemment des organes ayant le même génome que le pied porteur. Est-ce à dire que peu à peu celui-ci disparaît au profit des nouveaux axes génétiquement différents ? Probablement pas ! Mais c'est un point qui doit retenir l'attention.

Au terme de ces brefs commentaires et de façon presque provocatrice, une remarque peut être faite quant à la comparaison des deux règnes. Peut-on imaginer l'existence d'un monde sans végétaux ? Non bien sûr ! Comment les animaux trouveraient-ils ce dont ils ont besoin et qu'ils sont incapables de produire ? Et un monde sans animaux, est-ce envisageable ? Sans doute puisque les plantes n'ont pas besoin d'eux. Certains objecteront alors que sans insectes par exemple la reproduction sexuée des végétaux ne pourrait pas avoir lieu. Une réponse simple, mais non simpliste, consiste à dire que d'autres agents participent déjà à la pollinisation, le vent par exemple. Par ailleurs, les facultés d'adaptation des plantes permettraient probablement de trouver dans leur environnement de nouveaux acteurs pour assumer cette mission.

Finalement vouloir opposer plantes et animaux, désirer découvrir une prééminence des uns sur les autres ne constitue qu'une vaine spéculation qui ne fait guère avancer les connaissances relatives au monde vivant. Plus intéressantes apparaissent sans doute des questions à propos de l'avenir du monde dans lequel nous vivons. Discuter du futur est plus complexe que de parler du passé : le passé est connu, l'avenir est à imaginer. Mais entreprendre d'aborder les effets du temps qui passe oblige à réfléchir sur des lendemains fictifs.

Quel avenir pour les êtres vivants ?

Si l'on essaie de projeter dans l'avenir les acquis du passé, il n'est pas absurde d'imaginer que la longévité de l'homme par exemple sera améliorée. Depuis son apparition sur terre, il en va ainsi. Les progrès de la culture mais surtout de l'hygiène et de la médecine ont grandement contribué à cet allongement. Le nombre des centenaires n'a jamais été aussi important. Mais repousser l'âge de la mort semble, malgré tout, se heurter à une limite. Comme on l'a vu, le vieillissement humain s'accompagne de pathologies souvent graves. L'apoptose connaît de plus en plus de dysfonctionnements avec le temps. Ceux-ci débouchent fréquemment sur des insuffisances immunitaires ou sur des cancers. Bien entendu, il est probable que l'avancée des techniques permettra de faire face, en partie tout au moins, à ces problèmes. Mais lorsque le corps humain sera éprouvé par une vie faite de stress de plus en plus nombreux, ses “réparations” techniques pourront-elles remédier à tous les maux ? Le chantier risque d'être trop important ! L'augmentation de la durée de vie humaine reste pour le moment un vœu pieux dans beaucoup d'esprits. Par ailleurs, si cette opération était potentiellement réalisable, il devrait y avoir ici ou là sur terre des personnes vivant largement au-delà d'un siècle, ce qui est loin d'être le cas. Il est donc raisonnable d'envisager la possibilité d'une plus longue vie humaine mais avec toutefois une limite très peu supérieure aux valeurs moyennes actuelles.

Pour rester dans ce domaine, il faut être conscient qu'un facteur s'interpose dans cette idée d'augmentation de la durée de vie : l'émergence de nouvelles maladies face auxquelles la médecine s'avoue démunie. À la fin du XXème siècle, le sida a sévi et a entraîné un très grand nombre de décès : la médecine s'est longtemps montrée inefficace face à ce nouveau fléau. Certes une bonne quarantaine d'années après le début de l'épidémie, les traitements appliqués se révèlent adaptés et la mort n'est plus inéluctable. Pendant ce temps, la durée moyenne de vie n'a pas été, et pour cause, beaucoup améliorée. Plus récemment, la covid-19 (acronyme de ***co**rona**vi**rus* ***d**isease* de 20**19** ; *disease* en anglais signifiant maladie) une épidémie née en Chine a fait, elle aussi, un très grand nombre de victimes. Rapidement un vaccin a pu être mis au point ; il évite non pas la maladie mais ses formes graves. Demain peut-être une nouvelle maladie touchera une partie importante de la population ; la médecine sera-t-elle en capacité de lutter ? Rien ne permet de répondre de manière positive.

Serons-nous confrontés dans le futur à des extinctions d'espèces du monde vivant comme l'histoire en a connu ? Si tel est le cas, pourquoi à plus ou moins longue échéance l'homme et les autres animaux ne seraient-ils pas appelés à disparaître ? En outre, le dérèglement du climat et les risques géologiques (tremblements de terre, éruptions volcaniques…) qui s'accumulent contribuent à augmenter ce déficit de vies. Toutefois ces situations peu ou pas maîtrisables touchent en priorité les animaux qui, bien souvent, sont incapables de s'adapter à de nouvelles contraintes environnementales. Comment l'homme peut-il supporter des températures de l'ordre de 50° C ? Comment peut-il travailler dans de telles conditions ? De nombreuses espèces animales ne supportent pas des températures aussi élevées. Régulièrement émis par la majorité des États, les souhaits de réduction d'émission de gaz à effet de serre ne sont guère efficaces. Tout laisse à penser que la température de l'atmosphère va poursuivre sa lente progression. Les conditions d'une disparition d'un certain nombre d'espèces animales seront alors réunies. Le cas des plantes est tout autre. Elles sont armées pour affronter d'importants changements de l'environnement et pour réagir à ceux-ci.

Une fois encore, les végétaux devraient être épargnés, en partie tout au moins. Mais on nage là en pleine fiction. Elle nous ramène à l'idée – sans doute grotesque aux yeux de certains mais crédible du point de vue de la démarche intellectuelle – qu'un monde sans animaux est concevable, tandis que dépourvu de végétaux il ne l'est pas.

Le temps qui passe imprime sa marque aux êtres vivants qui n'ont aucun moyen de l'empêcher ni nulle possibilité de la retarder. En fait, ils n'ont pas la liberté de gérer leur avenir. Au cours de ce temps leurs organismes s'usent ; ils affrontent le vieillissement. De plus, leur génome renferme la "recette" d'une fin de vie inéluctable : ils s'exposeront, tôt ou tard, à la sénescence.

Table des matières

Structures éditoriales du groupe L'Harmattan

L'Harmattan Italie
Via degli Artisti, 15
10124 Torino
harmattan.italia@gmail.com

L'Harmattan Hongrie
Kossuth l. u. 14-16.
1053 Budapest
harmattan@harmattan.hu

L'Harmattan Sénégal
10 VDN en face Mermoz
BP 45034 Dakar-Fann
senharmattan@gmail.com

L'Harmattan Cameroun
TSINGA/FECAFOOT
BP 11486 Yaoundé
inkoukam@gmail.com

L'Harmattan Burkina Faso
Achille Somé – tengnule@hotmail.fr

L'Harmattan Guinée
Almamya, rue KA 028 OKB Agency
BP 3470 Conakry
harmattanguinee@yahoo.fr

L'Harmattan RDC
185, avenue Nyangwe
Commune de Lingwala – Kinshasa
matangilamusadila@yahoo.fr

L'Harmattan Congo
219, avenue Nelson Mandela
BP 2874 Brazzaville
harmattan.congo@yahoo.fr

L'Harmattan Mali
ACI 2000 - Immeuble Mgr Jean Marie Cisse
Bureau 10
BP 145 Bamako-Mali
mali@harmattan.fr

L'Harmattan Togo
Djidjole – Lomé
Maison Amela
face EPP BATOME
ddamela@aol.com

L'Harmattan Côte d'Ivoire
Résidence Karl – Cité des Arts
Abidjan-Cocody
03 BP 1588 Abidjan
espace_harmattan.ci@hotmail.fr

Nos librairies en France

Librairie internationale
16, rue des Écoles
75005 Paris
librairie.internationale@harmattan.fr
01 40 46 79 11
www.librairieharmattan.com

Librairie des savoirs
21, rue des Écoles
75005 Paris
librairie.sh@harmattan.fr
01 46 34 13 71
www.librairieharmattansh.com

Librairie Le Lucernaire
53, rue Notre-Dame-des-Champs
75006 Paris
librairie@lucernaire.fr
01 42 22 67 13

www.ingramcontent.com/pod-product-compliance
Lightning Source LLC
LaVergne TN
LVHW011008061026
849535LV00006B/1769